21世纪全国高等院校艺术设计系列实用规划教材

产品设计色彩

主　编　任丽敏
副主编　李庆德　李　岩　张　衡
参　编　马　莹　佟　达　孟祥斌

北京大学出版社
PEKING UNIVERSITY PRESS

内容简介

产品设计色彩既是高等教育大学本科课程中设计应用学领域教学的一个重要内容，又是色彩教学系列课程的一个重要组成部分。本书以产品设计色彩为出发点，以产品设计过程为主线，以色彩设计的基本理论和方法为基础，整理出产品设计色彩的要素，图文并茂、循序渐进地讲解了色彩设计的基本理论和方法。本书根据产品设计的特点，结合实际的设计案例深入探讨了产品色彩设计的基本思想和方法，使读者能够学习和掌握现代产品色彩设计的基本要求和基本规律，从而进行各类产品设计实践活动。

本书从产品色彩设计的美学因素、技术因素、市场因素、心理因素、流行因素和管理因素等方面进行了系统的讲解与剖析。本书内容完整、案例丰富、循序渐进、理论性与实用性兼具，可为工业设计师和工程技术人员进行产品色彩设计提供基本理论方法。

本书可作为高等院校工业设计、产品设计相关专业本科教材或教学参考书，也可以作为产品设计工作者的参考用书。

图书在版编目(CIP)数据

产品设计色彩/任丽敏主编. —北京：北京大学出版社，2013.6
(21世纪全国高等院校艺术设计系列实用规划教材)
ISBN 978-7-301-22631-5

I. ①产… Ⅱ. ①任… Ⅲ. ①产品设计－色彩学－高等学校－教材 Ⅳ. ①TB472

中国版本图书馆CIP数据核字(2013)第124475号

书　　名：产品设计色彩
著作责任者：任丽敏　主编
策划编辑：孙　明
责任编辑：李瑞芳
标准书号：ISBN 978-7-301-22631-5/J・0512
出版发行：北京大学出版社
地　　址：北京市海淀区成府路 205 号　100871
网　　址：http://www.pup.cn　　新浪官方微博：@北京大学出版社
电子信箱：pup_6@163.com
电　　话：邮购部 62752015　发行部 62750672　编辑部 62750667　出版部 62754962
印 刷 者：北京大学印刷厂
经 销 者：新华书店
787mm × 1092mm　16开本　13.25印张　306千字
2013 年6月第1版　2013 年6月第1次印刷
定　　价：55.00 元

前　言

有关产品设计色彩的研究，一直以来都是以艺术学领域和人机工程学领域的色彩研究为基础，色彩的表现力、色彩的人文特质、色彩对人的生理和心理影响是研究的重点。产品设计兼具艺术、技术、市场及文化等多方面的特征，因此对于产品色彩的研究也应该结合产品设计的多重特征来进行研究。

遵循理论研究与设计实践操作并重是本书的编写原则，鉴于色彩研究的多学科性、多定律性，建立一个完整的产品设计色彩研究体系就变得相当困难。针对全书的基本结构，编者进行了反复研究和论证，力求做到结构完整、合理。在内容编排上，既注重相关理论的层次性，又注重应用性，循序渐进、由浅入深地进行理论阐述。

本书从多学科的角度为设计师和学习者提供基础理论及实践指导，既有宏观的理论阐述，也有具体的案例分析，有利于加深读者对产品设计色彩的认识，增强设计时的主观判断力，从而更好地激发读者色彩设计的潜能。

本书具体编写分工如下：第1章至第3章由任丽敏编写，第4章至第6章由李庆德编写，第7章至第9章由李岩编写，第10章和第11章由张衡编写，马莹、佟达、孟祥斌也参与了本书的资料搜集和整理工作。

本书在编写过程中得到了编者所在学校相关部门及领导的大力支持，在此深表谢意。同时要特别感谢在本书编写过程中给予大力支持的老师和同学们。此外，本书在编写过程中参考了一些专家与学者的成果和相关网站的图片，作为教学讲解与示范，在此向有关资料的作者表示感谢。

由于编者水平有限，疏漏和欠妥之处在所难免，恳请广大读者批评指正。

编　者

2013年3月

目　　录

第1章　产品设计色彩概论

本章概述：

本章主要讲解产品设计色彩的基本理论知识和概念，在产品的造型设计中，必须着重考虑产品设计色彩的相关问题。颜色在整个产品的形象设计中是十分重要的，如果产品设计色彩处理得好，不但可以协调或弥补产品造型设计中的缺点或不足，使产品造型更加完美，而且在产品信息的传递中，更容易博得消费群对本产品的青睐，在销售方面会收到事半功倍的效果。人、产品设计和色彩三者是相辅相成的，是有机联系的一个整体。所以，在产品设计色彩的基础理论及概念的学习中，应着重解决产品设计色彩的构成观、消费观和人文观及产品设计色彩的原则、现实问题和实施程序等知识。只有充分掌握了这些产品设计色彩基本理论知识，才能为学习产品设计色彩的后续内容打下良好的基础。

训练要求和目标：

本章主要讲解产品设计色彩的基本理论知识，将从5个方面进行具体阐述。

本章主要学习以下内容。

■ 人、产品设计、色彩三者之间的关系

■ 产品设计色彩的构成观与人文观

■ 产品设计色彩的原则和意义

■ 产品设计色彩中存在的问题

■ 产品设计色彩的实施程序

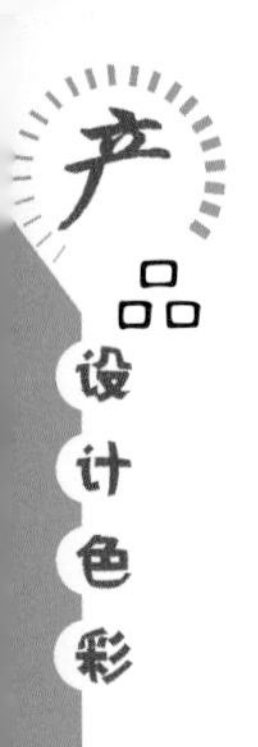

1.1 人·产品设计·色彩

色彩在产品设计中的应用非常广泛，如图1.1所示。这些产品照片的特征主要表现在：①画面中产品主体的色彩都十分漂亮，这是进行产品设计色彩处理的重要结果；②色彩弥补了造型方面所出现的问题，如果正确应用色彩知识，就会使其更具艺术性，可以使用色彩知识为产品进行艺术化处理。

图1.1 产品的色彩

1.1.1 产品设计色彩的概念

大家都知道，人类生活在一个色彩绚烂多彩的世界里，大自然给人们提供了多姿多彩的各种色彩元素，来区别人们所捕捉到的一切事物。当然大自然也给人们提供了生活所需的一切产品，这是大自然的鬼斧神工，同时也是人类智慧的结晶。正因如此，在人类生产力不断发展的今天，人、产品设计、色彩三者就被强烈地结合在了一起，也只有把这三者看成一个整体进行研究，才能更好地理解和掌握产品这一学科知识。艺术设计学科源于20世纪20年代，经过大半个世纪的不断探索与实践，已经形成了一套完整、系统的教学体系。工业设计是伴随着机械化大批量生产和科学技术的不断进步而产生的。它要求设计师从审美的角度，运用造型原理和造型规则，综合地考虑产品的各个环节和层面，包括设计开发、制造生产、销售使用及回收处理等，使设计的结果表现出科学性、实用性和艺术性，最终满足人的需求。自然界中的色彩如图1.2所示。

图1.2 自然界中的色彩

色彩作为产品的要素之一，也同样需要考虑上述的各个环节和层面。那么什么是产品设计色彩？产品设计和色彩计划又是什么样的关系？这些问题还必须以产品设计知识为基础，在对色彩进行充分研究的基础之上，来认识和洞悉产品设计色彩对人们心理和生理上所产生的巨大影响。产品设计色彩的概念在广义上，即根据企业的整体目标，针对产品造型的实际需要，采用科学的分析定位，将色彩情感、色彩心理、配色原理等理论运用于产品造型设计领域的色彩实施方案，同时是一种配合企业文化、经营战略、市场营销、产品设计的具体性色彩规划。产品设计色彩的狭义概念，是企业实施色彩计划过程中针对具体产品设计的一个阶段。在这个阶段中，通过前期的市场调查、市场定位和产品定位的内容，由设计师赋予产品具体颜色的一个过程，它包括色彩构想草图、效果图、手板模型等内容。

1.1.2 色彩对产品的影响

毋庸置疑，色彩对人心理与生理的影响是客观存在的，而且同一色彩在不同文化背景下的特定影响与意义也不尽相同。因此，在产品设计中，充分重视色彩，了解色彩对产品的影响，最终了解色彩通过产品对人的影响，力求将色彩与产品设计科学有机地结合起来，最大限度地发挥产品的功能和作用，这是设计师必须要掌握的重要知识。

1. 色彩对产品功能的影响

色彩在产品上的应用原则是服从功能。以使用频率最高的日用品为例，家电、化妆品等一般不用较深的色彩，最好用白色或其他浅淡的颜色，这是人们在日常生活中对浅色具

有的洁净等固有特性的普遍认知所决定的。如违背这种普遍认知，不仅会破坏使用者的情绪，产生消极抵触心理，而且会影响产品功效的正常发挥。如能顺应这种认知，不但容易博得消费者的青睐，而且能起到协调或弥补产品功效方面的缺点或不足，起到事半功倍的作用，如图1.3所示。

图1.3　产品色彩设计

2. 色彩对产品使用者意愿的影响

色彩应符合产品使用者的意愿。在产品设计中，色彩通常是商品与消费者相互沟通的第一个触发点，具有先声夺人的感性魅力。在产品色彩设计中，依据不同年龄、不同层次的消费心理需求，采用不同的色彩组合，力求在第一瞬间抓住消费者的视线，唤起他们的购买欲望。如具有中国传统风格的产品设计色彩中应选择活泼、明快、鲜亮的中国传统色彩，色调明确，对比强烈，容易博得人们的喜爱，如图1.4所示。反之，灰暗冷淡的色彩设计，就会被大多数人忽视和冷落，如图1.5所示。

图1.4　中国结

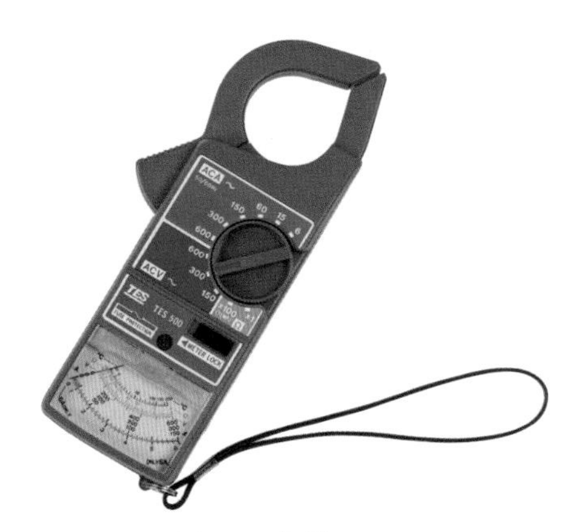

图1.5　仪器

3. 色彩对产品价值的影响

随着物质生活水平的提高，人们在注重产品实用功能的同时，对产品精神功能的需求也不断提高。为了表明自己的文化教养、社会地位、经济实力和生活情趣，人们对产品精神附加值的追求日趋明显。因此，色彩作为产生产品精神附加值的要素之一，被广泛地应用到了产品的各个方面。这些应用一方面促进了色彩理论的发展，增强了色彩在产品设计中的作用；另一方面也促使设计人员在更高层次上考虑产品所蕴涵的精神价值，如图1.6所示。

图1.6 鼓

1.2 产品设计色彩的构成观与人文观

色彩本身作为物质与精神的混合体，存在于人类生活的各个时代、各个角落，人类对其有独特的认知，同时它也无时无刻地影响着人类生活的各个方面。时至今日，由设计师创造的产品、器具用品等各种人造物上都体现出了产品设计色彩的丰富多彩性，这已不仅仅是自然色彩的延伸与补充，更是人类在科学和艺术领域共同探索、完美结合的成果。人们现今生活中看到的色彩大多为人造化合物染色剂着色后的产物，低廉的成本使人们得以毫无忌惮地挥霍颜色。变化无穷、美妙绝伦的色彩搭配刺激和感染着人类的视觉和情感，陶冶着人类的情操，给人们提供了丰富的物质享受和视觉想象空间。因此，产品设计色彩不断地影响着人们的构成观和人文观。

1. 产品设计色彩的构成观

色彩构成，简而言之，是色彩元素图案化的过程及结果。这一过程从人对色彩的感知出发，通过理性、科学的分析方法，把复杂的色彩现象还原为抽象的色彩基本元素，利用这些色彩元素在空间、形体、量与质上的变换，按照一定的造型规则去组合，构成元素之间的相互关系，以创造出新的色彩图案化效果。色彩构成是艺术设计专业的基础课程之一，其中有色彩理论也有造型实践，它与平面构成及立体构成紧密连接，色彩需要载体加以表现，即色彩不能脱离形体、空间、面积、体积、肌理、质感等而独立存在。产品设计色彩的构成就是将这些构成的理论知识运用到产品造型设计中来，用色彩构成的方法来强

图1.7　篮球

化产品造型的美感，同时也形成了人们在观看产品时对色彩认知的构成观，图1.7是常见的产品设计色彩构成形式。

作为产品设计的基础课程，学习色彩构成的目的是为了设计实践，其实质只是通过对平面造型元素的表现来描述色彩之美的认知训练。从工业产品造型设计方面来讲，则是为了在产品造型设计中赋予产品科学的、具有美感的、和谐的色彩。工业产品造型设计是一门涉及技术和艺术两大领域的交叉学科，其内容不仅包括产品功能、结构、形态、材料、制造工艺等工科因素，同时还包含与产品使用相关的社会的、经济的、艺术的以及人生理的、心理的等各方面因素。产品色彩设计除了探寻美感以外，还要考虑如色彩三维形态、工程技术、材料工艺、色彩心理、色彩工效、色彩营销等诸多因素。色彩构成是平面的，而色彩设计是立体的。设计师与工程师通过对这些因素的综合考量与应用，使工业产品给使用者带来安全、高效、舒适、美感的使用感受，满足人对于工具的物质和精神需要。工业设计不同于工程设计，它在充分考虑提高产品结构性能指标的同时，还必须考虑产品蕴涵的各项人文因素；它又不同于艺术创作，在强调产品造型形态艺术性的同时，还必须强调产品形态与功能、生产、市场不相违背的科学与经济价值。因而，工业产品造型设计是科技、美术、经济有机统一的创造性活动。

总而言之，色彩的精神是艺术的。人类对于色彩的探究，自人类意识萌发伊始就已存在，并在形式、内容与内涵上不断发展。每一种色彩本身都有其与人类发展史相关联的发展历程。如现今人们习以为常的红色，自人类远古时期就已出现在世界各地的洞窟岩画中，因为血液和火焰的颜色均为红色，红色在其心理效果和象征效果上被赋予生命力和力量的含义。在人造染色剂发明之前，部分红色染料是由胭脂虫(Cochineal)的血液制作而成，十几万只胭脂虫大约可以提取1kg红色染料，因而它又是一种十分昂贵、奢侈的色彩，并被赋予高贵的象征意义，曾经是贵族、富人专用的色彩。直至21世纪，这种“血红”依旧作为唇膏的红色原料被使用。作为艺术创作元素之一的各种色彩，都有着相类似的历程。

对于它们不同阶段的认识，影响着创作者对它们的理解与应用。而在研究色彩客观特性的科学探索中，首先发展起来的是艺术色彩理论。诞生于法国的印象派艺术家们利用小色块造成视觉混色的绘画技法，是欧洲艺术从现实主义向现代主义过渡的重要表现，也是近代色彩试验与应用的先驱。同时，许多色彩研究者发表了大量的色彩系统、色彩视觉等一系列的理论性文章。这些有关色彩理论的实践和科学论述为欧洲艺术家探索新的绘画表现奠定了理论基础，也为现代工业设计理性的色彩应用提供了理论依据。

1919年由包豪斯所开创的“平面、色彩、立体”三大类基础课程并非凭空产生，它是在当时的社会文化艺术大环境下，在理论研究和实践创作两者互为因果和促进下形成的。包豪斯在伊顿等人的引导下开设了现代色彩学的课程，并且把色彩教育贯穿在整个设计教育与实践当中，如图1.8所示。他们所开创的色彩教学体系，其目的在于一是理性地研究色彩本身各项属性，二是感性地开发色彩的构成表达。特别是伊顿的色彩视觉课程，对当今的色彩构成教学体系起到了深远的影响作用。

图1.8 包豪斯

自现代设计成形以来，色彩构成、平面构成以及立体构成作为现代设计的基础理论课程，已经有了近一百年的历史。从包豪斯时期的约翰内斯·伊顿到日本、中国香港地区再到中国内地的色彩构成教学，在这方面理论体系知识的不断传承与发扬当中，已经变得越来越成熟。毫无疑问，色彩构成已经成为我国现代设计教学中最重要的一门基础课程。

我国的现代设计教育发起于20世纪80年代中期，当时国内并没有真正意义上的现代设计专业，那时的专业名称通常冠以“工艺美术”或“实用美术”等。在设计基础教学上，也没有完全脱离美术教学的观念，中央工艺美术学院的柳冠中、王明旨、张绮曼，无锡轻

工业学院的张福昌等，一批留学归国人员在20世纪80年代初分别带回了德国、日本等国家的先进设计思想和教育手段，并积极倡导现代设计理念，使这些理念在艺术设计界广为传播，特别是在设计基础课程上的借鉴，对之后的设计教育产生了重大影响。另一方面，设计基础课程的教学方式通过我国香港设计教育界吕立勋、王无邪等人在内地的传播，以构成主义学说为基准，将平面、色彩、立体构成设计的原理法则实施到教学中，从而基本上决定了中国20世纪80、90年代设计基础教学中三大构成的主体构架。这个构架的建立主要是由吕立勋、陈菊盛、辛华泉、尹定邦、张福昌等人在20世纪70年代后期，将香港十多年来构成教学的经验方法和日本构成教学的成果，通过在全国各地频繁的讲学，大量翻译转化和不断宣传介绍，到20世纪80年代中期得以建构起来。同时，平面、色彩和立体三大构成设计教育的引入，在很大程度上对这一传统的教学体系产生了冲击，其力度之大，应该说超出了当时人们的想象，并迅速在各大设计院校中流传并扎根下来。

因此，产品设计色彩构成的学习，能够更科学地、艺术地在产品设计实践中运用色彩。在产品设计色彩应用中，必须以色彩构成为基础，逐渐走向产品设计色彩。在价值取向多元化、消费趋向个性化的时代，在产品的功能、品质相对一致的情况下，产品设计色彩方案的差异已经成为人们消费追求的重要目标之一。所以，现代设计教育应当把产品设计色彩作为一门重要的课程来对待。

2. 产品设计色彩的人生观

针对产品的色彩设计而言，色彩对于人的作用本质上是心理层面的，因为色彩对于人具有理性与感性的双重属性，作为工业产品造型设计重要内容之一的色彩设计，对于产品造型同样具有理性与感性的双重作用。反过来讲，产品造型的色彩设计不仅不能脱离产品的工艺、形体、空间、面积、体积、肌理、质感等要素，而且还要受到社会、市场以及人的生理、心理等因素的限制。而人在认识产品方面不再是简单的满足于产品表面的色彩构成美感，更加追求对于产品造型设计与色彩构成美感的有机契合，这就形成了消费者对产品设计色彩的人生观。

在人类历史上，人们赋予每一种色彩意义与内涵，色彩似乎超脱于物质。约翰内斯·伊顿(Johannes Itten，1888—1967年)在《色彩艺术》(The Art of Color)一书中指出："色彩效果不仅在视觉上，而且在心理上应该得到体会和理解。……它能把崇拜者的梦想转化到一个精神境界中去。"约翰内斯·伊顿及他的书如图1.9所示。因此，对色彩的认知与理解不应认为仅仅存在于人类的感官知觉当中，其更有深层次的、能激发出人们内心共鸣的内涵。这也是在现代设计中，色彩之所以能体现出其重要性的根本原因。

图1.9 约翰内斯·伊顿的书

就人对产品的色彩认知而言，产品色彩的设计过程是非常复杂的物理与心理综合体：一方面它是客观存在的，而它的客观性又与人不可分离。不同学科之间对色彩的理解与应用也具有非常大的角度差别，如物理学家研究光与色的关系；化学家研究染料、颜料的分子结构；生理学家研究光、色对人的视觉器官的作用；心理学家则考虑色彩对人精神思维的影响；艺术家追求的是以发挥个性变化和鲜明象征的色彩来实现其美学追求。作为产品设计师则必须兼顾所有这些方面的知识，并把它应用在物化后的产品形态当中。另一方面产品的色彩设计是主观的，不同的人或人群对产品色彩的感知也存在着或多或少的差异，而这些差异也为产品色彩设计带来了一定的复杂程度，还有体现产品色彩复杂性的是自然界中无穷多的色彩品类。虽然现代科学已经将色彩通过理性的方式进行了数字化分析与表达，但人类对于色彩的认识和应用依旧是其领域沧海一粟，有待于进一步探索。

随着人们物质生活的不断丰富和提高，对于企业，在市场营销中，产品设计色彩已经表现出越来越重要的作用，甚至成为企业赢得竞争的重要战略。产品设计的设计师不仅要掌握产品设计色彩的自然属性、情感属性以及美的色彩表达，理解区域群体对产品设计色彩的不同主观感受，服从某类产品本身所要求的功能性色彩，同时还要考虑企业自身的产品设计色彩形象定位，等等。所以，产品设计色彩并不像色彩构成一样直接赋予形体颜色这么简单，而是要利用色彩设计所涉及的学科知识通过理性的产品造型、工艺与材料分析，以及市场调研、市场定位到最终产品色彩定位等色彩设计计划程序，最终呈现出科学与美结合后的产品设计色彩。

产品色彩不同波长的光作用于人的视觉器官而产生色感时，必然导致人产生某种带有情感的心理活动与主观认知观念。产品色彩心理是人对客观世界的主观反映，事实上，产品色彩生理感受和产品色彩心理感受过程是同时交叉进行的，它们之间既相互联系又相互制约。在有一定的生理变化时，就会产生一定的心理活动；在有一定的心理活动时，也会产生一定的生理变化，如红色能使人在生理上心跳加快、血压升高，心理上同样具有“升温”的感觉。长时间红光的刺激，会让人心理上产生烦躁不安，在生理上欲求相应的绿色来达到心理上的平衡，产品设计中的红绿色搭配如图1.10所示。因此，产品设计色彩是否具有美感与生理上的满足和心理上的快感有关。除了普遍意义上的色彩固有情感、色彩联想性和象征性情感之外，针对产品色彩设计，还要了解人们因成长、传统、文化等个人与群体因素产生的色彩好恶以及产生好恶感的原因。

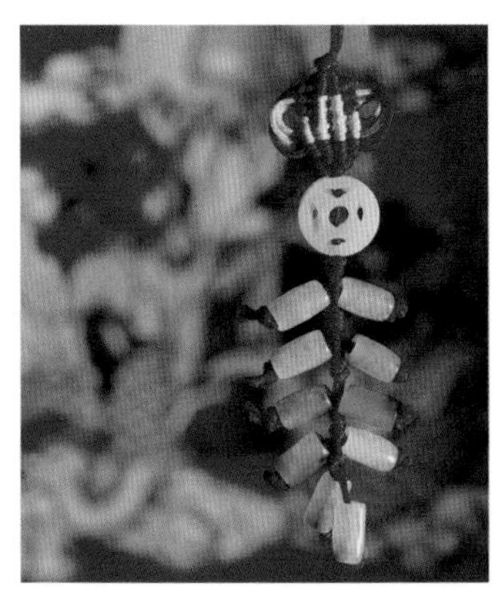

图1.10　红色与绿色搭配

1.3　产品设计色彩的原则和意义

关于产品设计色彩，有一个所谓的“七秒钟(7s)定律”，即对一件产品的认识，可以在7秒之内以色彩的形态留在人的印象里。这表明：色彩作为工业产品最重要的外部特征，它给产品所创造的低成本和高附加值作用是惊人的。类似造型的产品，在色彩上的差别往往使它们在档次、价格和喜爱度上产生明显的差异。产品的色彩能够影响人们对于产品的感觉，适当的产品色彩能推动和促进产品的销售。正因为色彩造型元素表现成看得见的有效沟通的形式，所以可以很自然地激发消费者的购买行为。用特别的产品设计色彩来“提升”商品附加值，激发消费者的购买欲望，已经成为企业开拓市场的重要手段。

从现代工业产品的市场运作方式来看，产品设计色彩的应用就是把产品中包含的色彩内容通过销售理念来加以组织：一方面组织调查目标市场的消费群体对色彩的偏好及需求；另一方面通过造型设计将产品设计色彩应用于产品当中，包括产品外观设计、产品包装设计、产品陈列设计等，同时组织各种产品色彩设计组合及其策略运用在企业形象宣传、广告、产品促销等营销活动中，从而满足目标市场消费者的产品与信息需求，其实质是在消费者与商品之间搭建起更快捷的桥梁，最终促成购买行为，实现企业的利润目标。

1. 产品设计色彩的营销原则

毋庸置疑，产品设计色彩已经成为影响产品销售的重要元素。色彩不但会影响到买家的消费行为，而且相关联地还会影响到制造商和销售商的生产与营销策略。随着“色彩经济”在市场中地位的逐渐显现，色彩在营销中发挥的作用会越来越大。在产品造型设计中，产品色彩设计的原则主要包括以下几个方面。

(1) 产品设计色彩直接关联着产品的视觉形象和使用体验。产品色彩本身可以给人以冷与暖、收缩与膨胀等多种视觉感受，而不同的产品颜色具有的视觉形象给人的视觉体验是不同的，这些视觉体验会同其他多种购买因素决定着消费者的购买决策。在多种购买因素中，产品色彩起着先导的作用，如用亮丽的色彩来包装商品，激发消费者的购买欲望，增加大众消费者对产品的认同度，这也是产品色彩运用的初级手段。这种产品色彩应用策略越来越被现代企业看好，成为开拓市场的重要工具。国际上已经把流行色看作是一种信息、一种情报，是商品竞争的重要途径之一。

(2) 产品设计色彩关系着消费者对产品的综合评价，这也是上一条产品色彩视觉形象的延伸内容。心理学研究表明，人的视觉在观察物体时，最初的20s内色彩印象占据视知觉感知内容的80%，而形体印象占20%；2min后色彩占60%，形体占40%；5min后大约各占一半，这种状态将持续保持。由此可见，色彩给人的印象是迅速、深刻、持久的。色彩绝不是产品款式的再分类，它影响着目标消费群体对整个产品的感觉，同时也关系到产品的舒适性、认知性、时尚性等。因此，色彩是影响产品综合评价的关键因素之一。

(3) 产品设计色彩关系到产品的定位问题。产品的定位包括市场定位、功能定位、价格定位、目标消费群体定位、形象定位等诸多方面。这些方面都与产品的色彩密不可分，色彩是产品定位时必须考虑的重要因素之一。在色彩方面为产品培养一定的特色，树立一定的品牌形象，以求在顾客心目中形成一定特殊的偏爱。

(4) 产品设计色彩起着细分市场的作用。市场细分建立在市场需求差异性的基础上，因而只要形成需求差异性的因素，就可以作为市场细分的标准和依据，进而把握新的市场空间。产品销售中即使是同一品牌，由于消费者的自身条件、喜好、阶层、职业、环境等方面特征不同，导致其对颜色的选择也会有差异。因此色彩是市场细分中的一个重要标准和依据。

(5) 产品设计色彩关系到产品的品牌文化。产品从属于品牌，而品牌文化所包含的范围很广，如品牌形象、品牌历史、品牌地理文化、品牌内涵等方面。品牌存在的目的在于塑造产品的独特性，而色彩也恰恰具有层次性、差异性、地域性等特点，色彩可体现品牌文化，也可影响品牌文化。如独具特色的企业标准色彩不但能够吸引消费者的注意力，塑造产品整体形象，还可以增强公众对产品的记忆力，从而使消费者对该产品的个性化留下深刻印象，并进一步熟悉记忆，引发联想，产生感情定势，建立消费信任，如图1.11至图1.16所示。

图1.11　耐克

图1.12　阿迪达斯

图1.13　乔丹等

图1.14　鳄鱼等

图1.15　麦当劳

图1.16　可口可乐

2. 产品设计色彩的美学原则

如前所述，产品设计色彩能引起消费者各种各样的心理变化，某些变化即可引起美感。这种变化主要体现在以下几个方面。

(1) 涉及色彩的情感效应，不同的色彩配置可表现出时尚、高雅、朴素等不同的“表情”。

(2) 色彩具有联想性与象征性，人们通常把所看到的色彩跟以往各种经历联系起来，并且随着色彩联想的社会化，一些色彩逐渐在人们的思想里形成了共通的象征含义，也就是色彩的象征性。

(3) 色彩的和谐基本美学，指追求悦目、调和的色彩组合，并使之规则化，色彩和谐就是色彩的基本美学法则。

和谐是我们这个时代的一个主题。所谓“和谐”，是协调、调和、融合的意思。古代评论音乐，“八音克谐，无相夺伦”(《尚书·舜曲》)；“其声和以柔”(《礼记·乐记》)。其中的“谐”与“和”都是协调的意思。古希腊学者毕达哥拉斯(图1.17)(Pythagoras，约公元前580—前500年)认为和谐乃是“数的关系”，“数的关系”可扩展为量的比例关系。以平衡为基准，人们可以欣赏美，是因为美已经达到一种平衡。东西方学术精神关于“和谐”的论述都强调对比和调和、变化与统一的“造物”规律。色彩具有的美也应是一种和谐的美，是一种包含着色彩的色相、明度、纯度等基本要素在不同内容的量上的差异与对比，并最终在整体上取得协调、统一、平衡，从而达到“美”。

图1.17 古希腊学者毕达哥拉斯

产品设计色彩之美是在色与色的组合关系中表现出来的。产品设计色彩组合如同乐律中的谱曲，7个音符可以谱写无穷的动听曲调，或响遏行云，声如裂帛；或黄钟大吕，珠圆玉润；或莺语蝶舞，余音绕梁；或高亢激昂；或优美抒情等。俗称的红、橙、黄、绿、青、蓝、紫7种颜色可以构成各种色调，或强烈明快，辉煌灿烂；或绚丽典雅，高贵华丽；或庄重含蓄，朴实内敛。然而并不是所有的声音和色彩都会给人以美的享受。正如鲁迅先生所说：“花是颜色的，是美的，但是颜色并不等于花，也不等于是美的。”色彩配合的美感取决于是否明快，既不过分刺激又不过分暧昧。过分刺激的配色易使人产生生理视觉疲劳和心理精神紧张，烦躁不安；过分暧昧的配色由于过分接近、模糊不清以致分不出颜色的差别，也易产生生理上的视觉疲劳和心理上的不满足，感到乏味、无趣等。

因此，对比和调和、变化和统一是产品设计色彩运用的基本法则，变化里面要求统一，统一里面要求变化，各种色彩相辅相成并取得和谐关系时才能达到配色的美感。另外，产品设计色彩的美与审美主体也有关，色彩本身无所谓美，只是美的客观条件，只有

当色彩与其审美主体——人联系起来后才会产生色彩美的反应。因此，产品设计色彩美取决于人对色彩的感受。庄子言：“美恶皆在于心。”对色彩美的感受也因人而异，因情而变。

现代工业产品设计色彩之美是产品价值增值的一条重要途径。成功的色彩设计应把色彩的审美性与产品的功用性紧密结合起来。需要综合考虑产品本身的特性、使用者的特性、使用环境的特性，如每款产品都有自身的设计要求，色彩的选配要与产品本身的功能、材料、工艺等相结合，因而对色彩的要求也有差别。在产品设计色彩中，色彩美是所有色彩设计原则的基础。失去了色彩美感，其他原则也就失去了存在的价值。

1.4　产品设计色彩中存在的问题

产品设计色彩在视觉表现上是最敏感的因素。色彩的处理在产品设计中占据很重要的位置，产品色彩的整体效果需要醒目而具有个性，能抓住消费者的视线，能通过产品色彩的象征产生不同的感受，从而达到其目的。随着印刷行业的不断发展，竞争的不断加剧，人们对印刷机械的质量、功能和价格的要求不断增加，在同等条件下，具有更高性价比的产品更容易赢得市场的青睐。印刷依靠强大的自主研发实力，丰富的技术设计团队，精良的制造工艺，使企业产品得以用高性价比的优势不断开拓市场，并推动企业的持续成长，保持了印刷在行业中的领先地位，这些都是人们对产品设计色彩的无限追求造成的结果。在产品设计色彩的视觉表现中，产品色彩的共性与个性既有各自独立的内涵，又是相互照应、相互结合的。削弱产品设计色彩格调的个性化表现无异于削弱其产品的市场竞争力，但是，对产品设计色彩表现如果脱离大多数人共同认识的基础，或是不能焕发人们产生合乎一定商业目的的感受，这种完全脱离一定共性要求的个性即使再独特也是不成功的。既要有一定的共性典型性，又要有独特的个性化色彩，这种产品才能在市场竞争中立于不败之地。

产品设计色彩在应用中存在的问题主要体现在以下几个方面。

1. 产品设计色彩应用中的商品性不足

商业性是产品设计色彩与绘画用色最不同的一点。绘画用色主观性非常强，往往根据画师的自我认知和主观需要来调解色彩，尽情应用；而产品设计色彩则不同，各类产品都具有一定的共同属性，产品设计色彩要根据产品的商品属性出发，进行客观性的应用。医药用品和娱乐用品、食品和五金用品、化妆用品和文教用品等都有较大的商品属性区别，而同一类产品也还可以细分，例如医药用品有中药、西药、治疗药、滋补药、一般药的不同。对此，产品设计色彩处理要具体对待，发挥产品设计色彩的感觉要素(物理、生理、心理)，力求典型个性的表现，例如用蓝色、绿色表示消炎、退热、止痛、镇静类药物；用红色、咖啡色表示滋补药物，如图1.18、图1.19所示。如果产品设计色彩按绘画色彩的运用方式进行设计应用，那么将导致产品的商品性传达不清，不利于产品市场运作，现今市场中的产品设计色彩应用中的商品性不足现象比比皆是。

图1.18　蓝色药片

图1.19　绿色药片

2. 产品设计色彩应用中的广告性不足

由于产品品种的日益丰富和市场竞争的日益激烈，产品设计色彩视觉表现在广告中日趋重要，其中色彩的广告性处理当然是重要问题。产品设计色彩效果的晦涩和含蓄只会产生消极作用，因此必须注意大的色彩构成关系的鲜明度，如“富士”胶卷，大块白色与绿色的对比以及白底红色的鲜明视认度处理，使小小的胶卷盒仍然不失良好的广告效果，白色的光感保持了产品的属性意念；再如可口可乐的手提袋形象已经成为国际语言，鲜明的红、白色彩产生了强烈的广告效果，同时表现出了产品的性能。

3. 产品设计色彩应用中的独特性不足

1) 特异色

有些产品设计中的色彩，本应按其属性配色，但这样画面色彩流于一般，设计师往往反其道而行之，使用反常规色彩，让其产品设计色彩从同类商品中脱颖而出，这种色彩的处理使人们视觉格外敏感，印象更为深刻。反之产品设计色彩的特异性就不足了，不能很好地从同类商品中彰显出来，产品的品牌效果也不好。

2) 流行色

流行色是合乎时代风尚的颜色，即时髦的、时兴的色彩。它是商品设计师的信息，国

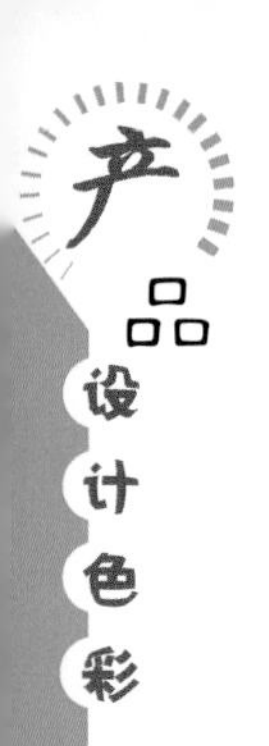

际贸易传播的讯号。当某种色彩倾向一般化之后，人们感觉缺乏新的刺激和魅力，又需要某一种不同的视觉特征，这个特征又被模仿而流行起来。现代产品设计色彩中流行色的运用确实给产品带来越来越多的经济效益，广大的有远见卓识的企业家高度重视色彩作用。每年度国际流行色协会发布的流行色，是根据国际形势、市场、经济等时代特征而提出的，目的是给人以心理和气氛上的平衡，从而创造出和谐柔和的环境。如果产品设计色彩与流行色相背离，消费者会产生对此产品的不认同，进而不购买此款产品，企业的产品销售情况可能会遭到毁灭性的打击。

4. 产品设计色彩应用中的民族性不足

产品设计色彩视觉产生的心理变化是非常复杂的，它依时代、地域而差异，或依个人判别而悬殊。各个国家、民族由于社会背景、经济状况、生活条件、传统习惯、风俗人情和自然环境影响而形成了不同的色彩习俗。例如：我国自古以来对红色情有独钟，节日产品上色彩多用红色。大到国庆、春节，小至个人婚嫁、生日等，都以红色象征喜庆、吉祥，如图1.20所示。黄色是我国封建帝王的专用色，标志神圣、庄严、权威，它代表中心。黄色在产品设计中多用于食品色，它给人以丰硕、甜美、香酥的感觉，是一个能引起食欲的色彩。绿色是大自然中草木的颜色，是绿色生命的颜色，象征着自然和生长。接近黄色的绿表示着青春感，象征着春天和成长，许多医药产品多用绿色，以突出青春健康之意；鲜嫩的绿色是叶绿素的颜色，会引起食欲，它象征和平与安全；茶叶类的产品设计色彩多用嫩绿色。蓝色的含义是沉着、悠久、沉静、理智、深远，一些高档酒及礼品多用蓝色。

图1.20　节日的红色产品

此外一些国家或地区对色彩有一定的禁忌，例如：法国禁忌墨绿色，它会使人联想到纳粹军服而产生厌恶；沙漠地区的人，见惯了风天黑地，黄沙漫漫，对黄色习以为常，只能在艰难的旅程之后遇到绿洲，遇到生存所需的水、粮食和人类社会，因而特别珍爱绿色；伊斯兰教的尖塔、阿拉伯民族的国旗都以他们珍爱的绿色来装饰和象征，禁忌黄色。

因此，应了解各国、各地区对产品设计色彩的喜爱和禁忌，特别是进出口商品上的色彩处理应注意适合国情，以提高产品在国际市场中的竞争力。

5. 产品设计色彩应用中的教育性不足

20世纪80年代末至90年代，是中国现代设计教育快速发展的时期，在设计教育“蓬勃发展”的背后，却隐藏着巨大的隐患，而解除这个隐患的最大难点却是认识到了问题的存在却又无力去改变。反映在基础设计教学上的则是盲目的形式抄袭，错误地认为“三大构成”能解决一切的设计实践问题，导致越来越多的设计院校放弃原先建立起来的图案教学体系，以“三大构成”取而代之。现今，学校教育中对色彩构成教育的专业性、细分性还是有所欠缺，仅仅停留在对色彩属性的基本了解上，对专业色彩的知识探讨还很少，相关的书籍几乎都没有，更谈不上进行研究了。

而早在1982年，张道一先生就曾撰文《图案与图案教学》，针对在此之前出版的《平面设计基础》提出4点意见。

(1) 没有抓住包豪斯在工艺上成功的本质，而是在艺术形式上剥取了一点皮毛。

(2) 不仅没有比过去向前逾越一步，相反是一种倒退。

(3) 依照这样的“平面设计基础”进行工艺美术的教学，不仅会先天不足，必然也会后天失调。

(4) 不论在结构上还是在表述上，其逻辑和概念都是混乱的。

虽然继张先生针对最早的构成教学提出自己的意见后，“三大构成”作为我国艺术设计基础教育手段已经有了很大的改善，但其本身作为基础教学的基础，其先天不足是难以逾越的，关键的一点就在于它该如何引导学生把造型理论应用于设计实践。

现在，市场竞争的深度、广度、持久性和敏感性都是空前的，不论是全方位的长期策划，还是短期的产品促销，产品设计色彩还是要抓住时机，当机立断，一切都是根据是否对本企业具有“剩余价值”来行事的。激烈的市场竞争推动了生产与消费的发展，同时不可避免地推动企业营销战略的更新，其中产品设计色彩当然被放在重要的位置上。产品设计色彩应用的商品性、广告性、独特性、民族性、教育性是产品个性化的体现和保障，产品设计色彩的个性必然加强产品的视觉冲击力，起着促销产品的作用，终将大大提高其产品的市场竞争能力。

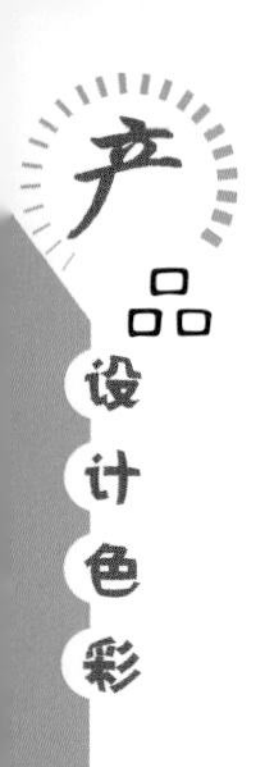

1.5 产品设计色彩的实施程序

作为有目的、有计划的设计活动之一，产品设计色彩有其自身的规律性运作方式，因而必须在一般设计程序基础上，制定出一套循序渐进的色彩设计程序以及评价体系，以利于正常工作或提高工作效率。产品设计色彩的基本动机之一是吸引注意力。这些理想用色的深浅色度应根据流行色、市场和生产情况而形成一种色彩系列变化，当确定了产品设计色彩的基本规格以及为一件产品或包装选择了合适的色相、纯度和明度之后，将这些产品设计色彩放在一起，组合成一个有形状、有尺寸、有质地和有色彩的统一整体，这便是设计师的主要任务。

1. 产品设计色彩程序

产品设计色彩的具体实施并非游移于一般设计程序之外，它涉及诸如企业理念、市场目标、营销策略和生产技术等一系列整体性规划。一般来讲，以形态、结构或构造等为主导的产品设计，产品设计色彩只是起到了辅助或陪衬的作用，故主要按照一般设计程序来安排工作步骤；而以色彩、肌理或材质等为主导的设计，当然需要按照产品设计色彩程序，即按产品色彩自身的规律来进行。

2. 一般设计程序及产品设计色彩的位置

图1.21　比利时新艺术派领袖亨利·凡·德·维尔德

在工业设计史中，比利时新艺术派领袖亨利·凡·德·维尔德(图1.21)可以说是第一个提到“设计程序”的人。为了达到“工业与艺术的结合”，他提出了著名的“设计三原则”，即产品设计结构合理、材料运用严格准确、工作程序明确清楚。这一理论实际上已经突破了同时代人把设计仅仅看做是产品外观形式改变的陈旧观念，并且在一定程度上纠正了当时设计操作过程中的主观、盲目和无序状态。关于设计程序问题美国设计师盖德斯是表述得最为精确、清楚的一个，他提出了“前设计程序”这一概念，即预先进行思考性准备工作，再投入正式的视觉形象构思、复核以及定稿设计，而这种视觉形象化的工作量最小，也是最后、最快完成的一部分，故盖德斯认为工业设计应按以下7个步骤进行：①确定所要设计产品的功能；②了解工厂设备情况及生产手段；③进行合理的设计预算；④仔细研究材料问题；⑤了解与研究竞争对手状况；⑥对消费现状进行周密的市场调查；⑦设计师画出设计预想图。盖德斯的这套设计程序无疑奠定了现代工业设计方法论的基础，早在20世纪二三十年代，就已经体现出许多现代工业设计的原则，如进行人机工效学试验、广泛的市场调查和考虑使用对象的心理特征等。

工业设计所涉及的因素很多，即使目标相同，其设计过程也可能是多种多样的。在盖德斯设计程序的基础上，人们后来又曾经提出过许多设计过程模型。根据萨伦的总结至少有5种以上，如罗伯逊提出的“部门阶段”、由厄特巴克和罗斯韦尔提出的“活动阶段模型”、库勃和莫尔的“决策阶段模型”、特威斯与勒梅特、斯坦尼等人分别提出的“综合模型”以及“转化过程”和“响应”等多种设计模型。这对于人们更好地理解设计过程大有裨益，但从中也可以看出实际上不可能存在一个通用的、固定的模式，而且这些20世纪70～80年代提出的模型仅从宏观上或不同角度提炼、概括企业新产品开发过程，多未提及产品设计色彩及其程序。

3. 产品设计色彩程序

如果说普通设计程序是一个涵盖全局、充分考虑到各个设计方面的任务的话，那么，从某种意义上讲，产品设计色彩程序要相对具体或专门化一些，它可分为4个阶段：①产品设计色彩概念模型阶段；②产品设计色彩组合模型阶段；③产品设计色彩生产模型阶段；④产品设计色彩流通模型阶段。从结构上来剖析，产品设计色彩程序反映着设计行为的不同环节，在各个环节上显现出明确的阶段性目标，故产品设计色彩程序在揭示设计程序规律性的同时，还能明确程序总进程上体现出来的递进频率、因果关系、关键环节的作用及其意义。

第一阶段是设定产品设计色彩目标的“产品色彩概念模型阶段”，主要包括功能色彩、市场色彩和构成色彩3个目标，这也是色彩设计最为重要的环节之一，它涉及新产品开发或改良的色彩战略，不仅要为企业新产品色彩设计活动规定一个清晰的总体范围，而且还要制定为实现这些目标所采取的总体政策。第二阶段是“产品设计色彩组合模型阶段”，包括色彩设计草图构思、效果图表现和模型制作等。构思是产品设计战略计划的后续，一旦色彩规则明确，其色彩构思活动便立即展开。首先是对新产品的色彩产生最初的概念，它们也许是某种具体形式，也可能是技术运用或是用户的需要，而且它们更多地代表产品所出现的机会而非产品本身。当然，任何设计意念都需要经过初步的评

价、测试、扩大、提炼和筛选，并进一步进行具体设计，画出预想效果图乃至制作外观模型。概念发展到这一步要比最初灵感的产生更为关键，无论是由设计师本人还是由企业决策层或顾主来定夺，筛选决策都做出了初步的选择。第三阶段为“产品设计色彩生产模型阶段”，主要由色彩规划、色彩管理和色彩技术3个方面组成。如果经过可行性分析，觉得色彩构思可以接受，那么企业就应制定规划、预算方案或立项，并测试模型或产品原型，即对最终色彩设计方案作出决策，无论其保险系数有多大。这里肯定包含有投资风险，但在随后包括设备安装和调试、工艺、管理等一系列实际生产活动中，可通过各种色彩技术尽量将投资风险和成本降低到最低限度。第四阶段则是“产品设计色彩流通模型阶段”，其中包含包装色彩、广告色彩等用色彩来促销产品的措施和手段，随着技术工作的逐步完成，营销人员也着手制定色彩营销计划，并修订或完善原定的战略计划，从而达到与第一阶段产品外观色彩设计中本身就与市场色彩目标配套的目的，提出切实可行的一整套色彩营销计划。可以这样说，产品设计行为实质上是一种商业行为，故产品色彩设计过程中的一个关键性因素是将产品色彩商业化，即使“产品色彩”转变成“商品色彩”。

综上所述，现代产品设计色彩程序大致上由设计概念计划“立案阶段”、“设计阶段”、“决定方案阶段”和“生产准备阶段”共4个阶段构成。第一阶段的主要内容是制定产品设计色彩研发战略和设计主攻方向，并开始着手收集资料，把握市场寻求、动向和流行趋势，一般同时制成概念分析图表、研究报告并列出产品设计色彩规划；第二阶段主要任务是对产品设计色彩意向的确认和检查，如展开对造型、功能和材料的最初创意研究，完成概念模型，反复推敲、修改色彩设计方案并具体研究色彩构成功能和材料质地色彩等问题，产品设计色彩一般均在这个阶段里被正式提上议事日程；第三阶段实际上是一个产品设计色彩评估阶段，如对产品市场、色彩功能的评价，决定产品设计色彩方案，制作色彩模型，完成供综合产品设计色彩评估之用的系统材料并进一步研究实现产品设计色彩的生产技术；第四阶段则以产品设计色彩准备投产为目标，如产品设计色彩生产技术设计，样机制作以及制定从制造、销售到包装、样本等一系列计划。

需要指出的是，就产品设计色彩整个程序而言应该是一个循环往复、螺旋形上升的过程，故它似乎是没有尽头的。一项产品设计色彩有可能需要经过投放到市场后才能得到充分检验，即经过市场反馈、消费者满意度测试以及生产者的预期目标对其进行全面的评估，再经多次改良设计才逐步臻于完善的。正如一件新产品是经过意念方案、预想效果图、模型和原型的各个阶段逐渐演化一样，它在生产、市场甚至品牌方面也存在着同样的渐进过程，故一个成熟的企业应根据色彩流行周期变化或产品市场寿命周期的各个阶段，采取相应的营销措施和策略。此外，市场是动态而变化的，犹如生物都要经历一个由诞生、成长、成熟到衰退的过程一样，故一种产品色彩设计的成果也许是暂时的，随着时间的推移及市场环境的变化，最终将被消费者所淘汰而被迫退出市场。及时淘汰老产品的色彩设计并适时推出新产品的设计色彩，以便不断扩大销售额和利润。

单元训练和作业

【单元训练】

通过本章的学习，我们掌握了人、产品设计、色彩三者之间的关系、产品设计色彩的构成观与人文观、产品设计色彩的原则和意义、产品设计色彩中存在的问题、产品设计色彩的实施程序等产品设计色彩概论方面的知识，同时还学会了与相关的产品与市场学方面的知识来组合应用。静下心来想想，如何才能把我们生活中普通的产品(图1.22)设计出较好的色彩应用系统，制作成更加适应消费者需求的、具有风格的产品设计色彩呢？

图1.22　生活中的产品

要解决这些问题，就必须了解产品设计色彩的基本概况及产品设计色彩是怎么实施的，产品设计色彩的实施程序是学习产品设计色彩的根本，是解决如何应用设计色彩的问题。总之，运用本章所学的知识，循序渐进，按照上面提供的产品对这3个问题进行思考，由老师组织讨论，要求学生写出2000字左右的产品设计色彩心得。

【思考题】

■ 如何看待人、产品设计、色彩三者之间的关系？

■ 如何看待产品设计色彩的构成观与人文观？

■ 如何理解产品设计色彩的实施程序？

本 章 小 结

本章深入地论述了产品设计色彩概论的相关知识，除产品设计色彩与人的关系、人生观、设计原则和意义、存在的问题及设计程序之外，还涉猎了一些色彩物理学、色彩生理学这些自然学科知识。由于人对于产品设计色彩蕴涵的情感性以及在应用中所表现出来的复杂性难以控制，这决定了产品设计色彩必须要通过一些人文学科的理论支撑，才能在应用中有效地体现产品色彩的效果和可操作性。针对产品设计色彩而言，掌握产品设计色彩概论知识并理解与其相关的人文学科主要有色彩心理学、色彩美学、色彩营销学等内容，就可以进行产品设计色彩方案的制作了。

第2章　产品设计色彩美学

本章概述：

本章主要讲解产品设计色彩的美学方面的知识。现代产品设计色彩之美是产品价值增值的一条重要途径，是产品促销的一种方式，是企业盈利的重要保障。产品设计色彩美学指追求悦目调和的色彩组合，并使之规则化、和谐化。当然，并不是所有的产品设计色彩都会让人体验到美的享受，对色彩的感受因人而异、因情而变。产品设计色彩配合的美感需要综合考虑产品本身的属性、人工属性、造型、形式、配色等特性，同时还取决于产品设计是否明快、对比是否强烈、变化是否出奇出新而又不失风格统一，这些都是产品设计色彩应用的基本法则，也是本章讲解的核心内容所在。

训练要求和目标：

本章主要讲解如何使用产品设计色彩的美与审美主题相关知识对产品设计进行处理，将从以下几个方面来讲解。

本章主要学习以下内容。

■ 产品设计色彩自然属性

■ 产品设计色彩人工属性

■ 产品设计色彩造型法则

■ 产品设计色彩形式原理

2.1 产品设计色彩自然属性

生活中常见的产品色彩设计如图2.1所示。这些产品的色调特征主要表明：①第一幅画面中的水果所呈现的都是自然颜色，是大自然所赋予的本质色彩，这是色彩是人类认知与学习色彩知识的最重要条件和媒介；②其他的产品画面中的色彩都是人工色彩，稍加对比不难发现，这些色彩与自然色彩是如此相似，它们虽然各有不同，但都是如此和谐，让人感觉到了色彩带给人们的身心愉悦，产品设计师的工作就是使其更具艺术性和实用性。

图2.1 产品的色彩

作为一个优秀的产品设计师，要掌握产品设计色彩，首先要了解色彩的自然属性，即色彩得以被感知的条件，主要包括色彩的物理性和人感知色彩的生理机能。另外，还要了解目前在色彩研究中常用的色彩体系。只有了解这些基本的产品设计色彩基础知识之后，才能设计出独具特色与美感的产品设计色彩。

2.1.1 自然色彩与产品色彩

在这个世界上，色彩无处不在。只要有光，人们就能感知到色彩存在。顾名思义，自然色彩就是在自然界天然形成的色彩，而产品色彩就是人为地对自然色彩进行仿制后并应用到产品设计中的色彩。产品设计色彩绝大多数为人工色彩。对于自然色彩，颜色的数目可能是无法估量的天文数字，而人眼能直接辨认的颜色是非常有限的。经科学测定，人的肉眼能分辨17000余种不同的色调，能适应几万倍的明暗差别，但这只是自然色彩中极少的一部分。相对而言，可实现的产品设计色彩是有限的，这是人类技术途径无法实现的原因。色彩数字化以后，人眼通过仪器能辨认的色彩更可增加至上亿种。设计师更多的是面对计算机进行色彩设计。在数字化时代，数字化的科学仪器不仅能提高人们的色彩分辨能力，更能完美地服务于产品设计色彩工作。

自然色彩是产品色彩的源泉，对产品色彩的设计应用都是直接或间接地对自然色彩的模仿。除了颜色本身的模仿之外，自然色彩的应用也是产品色彩加以模仿的重点，如动物的保护色和警戒色。这些自然色彩不只有趣，而且还给人们的设计以启迪。保护色是指动物将身体的颜色进化得与环境的颜色相似，让天敌不容易发现，以达到保护自己的目的，最典型的例子如变色龙，如图2.2所示。动物用色彩来保护自己的方式，给人类很大启迪，如保护色的原理应用于丛林作战的迷彩服及野战坦克的色彩设计，就能更好地起到迷彩伪装的作用。人们将这种色彩设计的应用归类于仿生设计。仿生设计包含功能仿生、造型仿生、结构仿生、色彩防生等。在色彩设计上反向运用动物或昆虫警戒色的原理，对安全帽赋予鲜艳的色彩，如图2.3所示，在道路上可尽早注意到对方。再如蛇类黄黑相间、醒目的身体颜色是为了达到恐吓天敌的目的，而在一些工程机械上利用这种黑白或黑黄相间的标志色彩，也是为了提高观看者的警觉，目的是提醒人们注意安全，如图2.4所示。

图2.2 变色龙

图2.3 安全帽

图2.4 交通指示牌

2.1.2 光与色的关系

1666年，英国科学家艾萨克·牛顿(Isaac Newton，1643—1727年)做了著名的棱镜色散实验。首先，他把一个透明的玻璃三棱镜放在阳光下，由于玻璃比空气的介质系数大，光线通过棱镜时会产生折射，牛顿通过调整三棱镜与阳光的相对位置将折射后的光投影在墙壁上，从而在墙壁上出现了红、橙、黄、绿、青、蓝、紫七色的光束，之后，他又将这七色光束通过第二个三棱镜，又还原出了白光，如图2.5所示。这个看似简单的实验揭开了光与色之间隐藏的秘密。

图2.5 牛顿在做光学实验

所谓光，就其物理属性而言是一种电磁波，这些电磁波有着各自不同的波长和振幅。光色的差异就取决于波长和振幅的差异。并不是所有的光都有色彩，只有波长在380～780nm之间的电磁波才有色彩，称为可见光。其余波长的电磁波都是人眼所看不见的，通称不可见光。波长大于780nm的电磁波叫红外线，短于380nm的电磁波叫紫外线。七色光谱通过三棱镜后是不能再被分解的，故称其为单色光。再如太阳光是由不同波长的色光复合构成的，故称其为复合光。光碰到物体时，一部分被物体所吸收，剩余的部分被物体反射到人的眼睛里，这样人们就能看到物体的颜色。因而，色彩是因可见光的作用而引起的视觉反应，使人感知到色彩。感知到色彩只是认知色彩的最初阶段，感知色彩的差异对于人们来说更有意义与价值。对于产品设计色彩，还有很多其他的因素决定着色彩最终的效果，如材质、结构等，还有很多手段可以更加完善产品的色彩效果。

2.1.3 色相、明度和纯度

人们所感知到的一切色彩，都具有色相、明度和纯度3种属性，即“色彩三要素”或“色彩三属性”。它们是由光的物理性质所决定的：波长的长度差别决定色相的差别，波长相同而振幅不同，则色相就有明暗的差别。色彩的三属性对于色彩的分类、命名、比较和测量非常重要，因此大多数色彩系统都是据此进行设计的。

1. 色相

色相指的是色彩的相貌，也是色与色相互区别的最明显的特征。在可见光谱上，人的视觉能感受到不同特征的一系列色彩，人们把这些可以相互区别的颜色指定为“红”、“橙”、“黄”、“绿”、“蓝”、“紫”等名称，当人们称呼某一色彩的名称(如“紫色”)时，就会联想到一个像茄子颜色的特定的色彩现象，这就是色相的概念。如果把可见光谱首尾用一个圆环连接起来，就是光谱六色相环。如果在光谱六色相环的两个色之间增加一个过渡色，如红色和紫色之间增加一个红紫色，依次还可增加红橙、黄橙、黄绿、蓝绿、蓝紫各色，则构成一个十二色相环。同样，在十二色相环的两个色之间再增加一个色，就会组成一个二十四色的色相环，逐渐呈现出微妙而柔和的色相过渡效果，如图2.6所示。

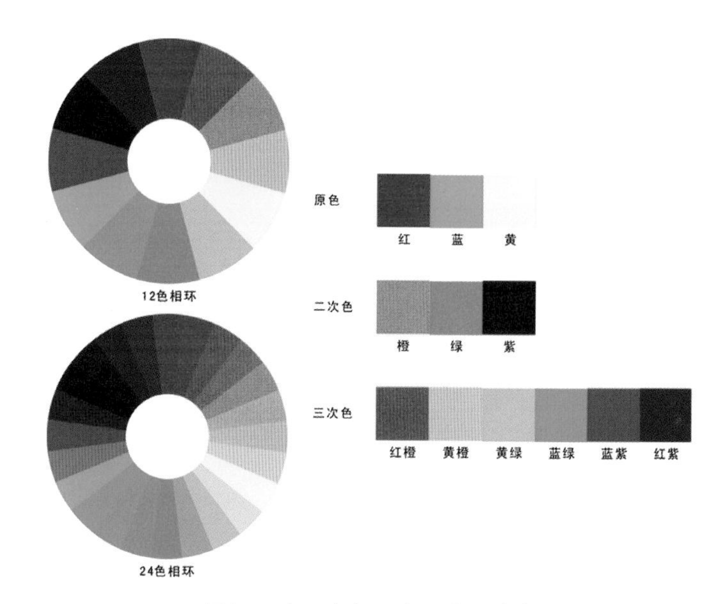

图2.6　十二色相环与二十四色相环

2. 明度

明度是指色彩的明暗程度。在无彩色(即黑白色系)中，明度最高的色是白色，明度最低的色是黑色，白色和黑色之间存在着一个从亮到暗的灰色系，如图2.7所示。在有彩色中，色彩也有自己的明度特征，如在十二色相环中黄色为明度最高的色，而紫色是明度最低的色。明度的概念对艺术创作及设计十分重要。如进行产品设计时，必须考虑在清晨、傍晚或阴天等光线较弱的情况下产品色彩的可识别性，就要注意不同色相的明暗差别，因为产品的使用环境是不可预测的也是无所不在的。优质的产品设计色彩效果是提升产品附加值的有效手法。另外还有诸如产品材质、功用、属性等以及产品本身的定位、功能、使

用环境等对产品设计色彩明度的影响，这些都需要产品设计师在设计时需要认真考虑的问题。

PANTONE 189 C	PANTONE 3935 C	PANTONE 277 C	PANTONE 420 C
PANTONE 190 C	PANTONE 3945 C	PANTONE 278 C	PANTONE 421 C
PANTONE 191 C	PANTONE 3955 C	PANTONE 279 C	PANTONE 422 C
PANTONE 192 C	PANTONE 3965 C	PANTONE Reflex Blue C	PANTONE 423 C
PANTONE 193 C	PANTONE 3975 C	PANTONE 280 C	PANTONE 424 C
PANTONE 194 C	PANTONE 3985 C	PANTONE 281 C	PANTONE 425 C
PANTONE 195 C	PANTONE 3995 C	PANTONE 282 C	PANTONE 426 C

图2.7　明度

3. 纯度

纯度指的是色彩的鲜浊程度，不同的色相，不但明度不相等，纯度也不一致，如十二色环中纯度最高的是红色。黄色纯度也较高，但绿色纯度几乎只有红色的一半左右。当一种颜色，如红色，混入了白色时，虽然仍然具有红色相的视觉特征，但它的鲜艳程度降低了，明度提高了，变成了粉红色；如果它混入了黑色，鲜艳程度也降低了，明度变暗了，变成了暗红色；当红色混入与之明度相同的中性灰色时，明度不产生变化，但纯度下降了，成为红灰色，如图2.8所示。人们平常所见的色彩，绝大部分是非高纯度的颜色，正是由于纯度的变化，才使色彩显得极其丰富。同一个色相，即使是细微的纯度变化，也会带来不同的心理感受，但总体上使色彩在视觉心理上更加偏于稳定。在实际的产品设计工作和生活中，纯度的选择往往是产品设计色彩选择的关键，以满足产品个性化的需求，因而产品设计色彩纯度是创造产品流行趋势的重要方法之一。

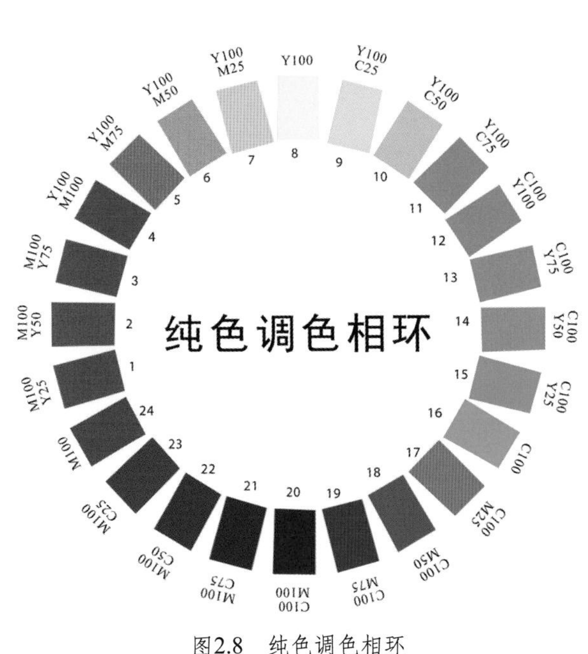

图2.8　纯色调色相环

对于产品设计色彩来说，纯度高容易引起人的兴奋，但长时间凝视容易产生视觉疲劳。因此，同样是产品设计色彩，冰箱色彩设计方案是有区别的，有些冰箱采用高纯度色，以提高用户娱乐时的兴奋度，如图2.9所示，而有些则采用低纯度的色彩，美的净水器亦是如此，如图2.10所示。在产品设计色彩中，同样是相同的色彩纯度，但当它们和无彩色系的颜色并列时，显得纯度更高，这种高纯度对比广泛应用于产品设计中，这是近年来的流行趋势。

图2.9　冰箱　　　　图2.10　净水机

2.1.4　光源色、物体色和固有色

能自己发光的物体称之为光源。在黑暗的环境中，人们不能辨认周围物体的形状和色彩，主要是因为它们本身不能发光，也没有光源照射，没有反射光线进入人眼。同一个视觉观看对象，在光源不同的情况下，人们会看到不同的色彩效果；相反，同一种光源条件下，由于不同物体的表面反射光和吸收光能力不同，也会产生不同的色彩现象。因此在产品设计色彩中有必要了解光源色、物体色和固有色。

1. 光源色

光源色分为两种：一种是自然光，如日光，即太阳光，还有生物光，如萤火虫等生物自身发的光；另一种是人造光，如电灯光、蜡烛光等。所有物体的色彩总是在某种光源的照射下产生的，同时随着光源色以及环境色的变化而有区别，又以光源色的影响最大。同一物体在不同的光源照射下将呈现不同的色彩效果。如白纸在白光照射下呈白色，在红光照射下呈红色，在绿光照射下呈绿色，这种现象又被称为光的演色性。约翰·伊顿在《色彩艺术》一书中讲过这样一个故事：“一位实业家举行宴会，招待一批宾客。厨房里飘出阵阵香味迎接着陆续到来的客人们，大家都热切地期待着这顿美餐。当快乐的宾客们围住摆满了美味佳肴的餐桌就座之后，主人便以红色灯光照亮整个餐厅，烤肉看上去更显鲜嫩，而菠菜却变成了黑色，马铃薯显得鲜红。当客人们惊讶不已的时候，红光变成了蓝光，肉食看上去像放了很长时间，似乎有点腐烂，马铃薯像是发了霉，宾客们顿时胃口全

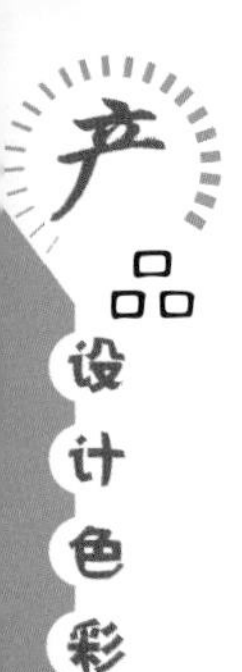

无。接下来黄灯被打开，红葡萄酒看着像蓖麻油，把客人们的脸色也变得蜡黄，几位较娇弱的夫人随即匆忙地离开了餐厅，其他人也停止了吃东西。这时主人笑着又开启日光灯，

图2.11　受光源色影响的手表

大家聚餐的兴致又很快地恢复了。”这个故事告诉我们，光源色的变化肯定会对物体色产生影响，所以出现绿色的菠菜在红色灯光下变成黑灰色，红葡萄酒在黄色灯光下变成蓖麻油的色彩现象。另外，光源色的光亮强度也会对照射物体产生影响，过强或过弱的光源色都会使物体色彩视觉层次减少，具体表现为强光下的物体色会变淡，弱光下的物体色会变得模糊灰暗，只有在中等强度光线照射下的物体色才最清晰可见，如图2.11所示。光源色对物体色的影响对于舞台设计、商品展示设计以及产品设计中的产品效果图表达等有着十分重要的意义。

2. 物体色

人们日常所见到的非发光物体都会呈现不同的颜色，因为每一种物体对各种波长的色光都具有选择性吸收、反射或透射的特性。就物体对光的作用而言，大体可分为不透光和透光两种，即透明体和不透明体。对于不透明物体，它们的颜色取决于对不同波长的各种色光的反射和吸收情况，如在白色日光的照射下，如果物体表面几乎反射回全部的光线，那么物体色呈现为白色；如果物体表面几乎全部吸收光线，那么物体色呈现为黑色；如果物体只反射波长520nm左右的光，而吸收其他波长的光，那么该物体则呈绿色；等等。由此可见，不透明物体的颜色是由它所反射的色光决定的，而透明物体的颜色是由它所透过的色光决定的，如红色的玻璃之所以呈红色，是因为它只让红色的光透过而吸收其他色光的缘故。

3. 固有色

固有色通常是指物体在正常的白色日光下所呈现的色彩特征，正是由于固有色具有的普遍性和稳定性，从而形成人们知觉中对某一物体的色彩形象的固定认识概念。严格地说，固有色是一个相对的概念，因为物体既受到投射光的影响，也受周围不同环境的反射光的影响，我们平时最常见的日光光源也会随着季节及一天中不同的时间产生变化，因此物体的固有色并不是固定不变的。如前面提及的强调表现自然光彩感觉的印象派画家，就反对这种固有色的概念，他们认为色彩是瞬息变化的，必须用心观察自然，才能创作出具

有真实感的作品。

固有色其实只存在于我们的脑海中，是一种思维定式，如在日光的照射下，夏天的小草颜色会不断地发生着变化，但人们的脑海中只赋予草地一种单一的绿色。在绘画及设计中，固有色的特征具有很大的象征意义和现实性的表现价值。伊顿就曾经说过：“当画面的色彩以固有色的关系存在时，往往给人以现实主义的印象。”当固有色的概念被抽象出来时，就会具有象征的意义，如绿色是大自然的颜色，因此被赋予了和平的意义。对于水果饮料的包装设计，往往需要利用水果本身形象包含的固有色特征来引起消费者积极的联想，产生饮用的冲动和购买的欲望。在产品设计色彩中，同样如此，特别是仿生设计，即现在强调的产品固有色应用，如图2.12所示为没有被光源色影响而充分表现固有色的手表效果。

图2.12　不受光源色影响的手表

2.1.5　色彩混合

色彩种类之所以丰富，是因为色彩之间不同量的混合可以产生新的色彩效果。生活中常见的颜色基本上可以通过原色间的合成而形成。所谓原色，即色系中不能再被分解或通过其他色合成的色彩。基于生理学和物理学，三原色是目前色彩研究中最为广泛和常用的原色理论。一种色素掺进其他色素，构成不同的色彩，称为色彩的混合。根据混合后的色彩明度值是否改变，可将色彩的混合分为3种：加色混合、减色混合和中性混合。色光的加色混合增加明度，色光的减色混合降低明度，而中性混合明度值不发生改变。

1. 色光三原色与加色混合

1802年，英国物理学家托马思·扬(Tomas Young，1773—1829年)提出“光学三原色”(the Theory of Light and Colours)理论，认为红、绿、蓝为独立色，不能通过其他色合成。19世纪末，德国物理学家赫曼·范·霍姆霍尔茨(Htermann Von Heknholtz，1821—1894年)的三色学说认为，人眼视网膜的视锥细胞含有红、绿、蓝3种感光色素，通过光的刺激可产生色彩感觉。两种或两种以上的色光相混合时，会即时或者在极短的时间内连续刺激人的视觉器官，使人产生一种新的色彩感觉，称这种色光混合为加色混合。这种由两种以上色光相混合，呈现另一种色光的方法，称为色光加色法。同时，对于色光

而言，有3种原色，它们分别是红、绿、蓝。色光三原色的本质特征是独立性，即三原色中的任何一种颜色都不能用其余两种调配而成，而其他色彩均可由三原色相互间按一定的比例混合出来。三原色具有最大的混合色域，混合后得到的颜色数目最多。从能量的角度来看，色光混合意味着亮度的叠加，混合后得到的色光必然要亮于混合前的每种色光，只有以明亮度低的色光作为基色才能混合出数目相对多的色彩，否则，用明亮度高的原色，其相加则更亮，这样混合后就不会出现那些明亮度低的色光，如图2.13所示。为了统一标准，便于认识与研究，1931年，国际发光照明委员会(International Commission On Illumination，CIE)规定了三原色的波长分别为A R(红)=700.0nm、A G(绿)=546.1 nm、A B(蓝)=435.8nm。在产品设计色彩中，为了便于定性分析，常将白光看成是由红、绿、蓝三原色等量相加后而合成的色光。

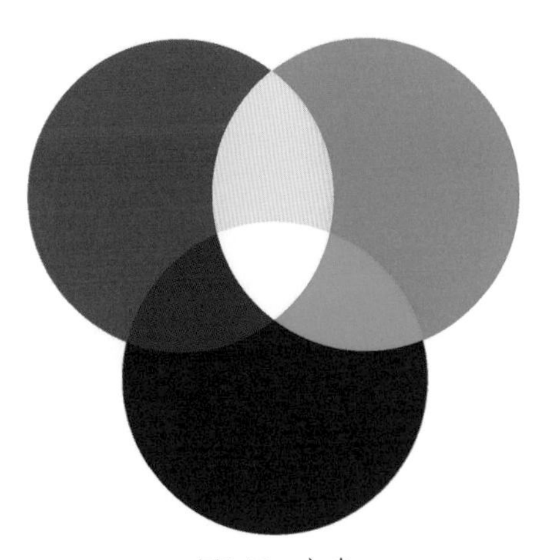

图2.13　加色

当两个色光原色等量混合时，将得到色光的二次色。

红+绿=黄

绿+蓝=青

蓝+红=品红

当光的三原色等量相混合时会得到白色(色光三次色)。

红+绿+蓝=白

色光的加法混合和混色原理对于舞台设计及数字多媒体设计，如网页设计均有重要意义。人们平常使用的平面设计软件Photoshop中的RGB色彩模式就是采用这种三基色加色混合方法，R代表红色值，G代表绿色值，B代表蓝色值，其三基色为红RGB(255，0，0)、绿RGB(0，255，0)、蓝RGB(0，0，255)，当红绿蓝三基色等量相加时得到白色RGB(255，255，255)。

2. 色料三原色与减色混合

色料是颜料和涂料的成色成分，是色感最纯的微粒状物质，具有理想的漫反射状态。人们从色料混合实验中发现，色料中的青、品红、黄三色能匹配出更多的色彩。在此实验基础上，人们进一步明确：由青、品红、黄三色料以不同比例相混合，得到的色域最大，而这三色料本身却不能用其余两种原色料混合而成，因此称青、品红、黄三色为色料的三原色。需要说明的是，人们习惯将色料三原色称为红、黄、蓝，而这里的红是指品红(洋红)，而蓝是指青色(湖蓝)。从能量的角度来看，色料混合，光能量减少，混合后得到的颜色必然暗于混合前的颜色。因此，明度低的色料调配不出更加明亮的颜色，只有当明度高的色料作为基色时，才能混合出数目较多的颜色，得到较大的色域。

色料混合不会像色光混合那样提高亮度，相反，它们混合会变得更加浑浊灰暗。色料的这种混合称为减色混合，如图2.14所示。

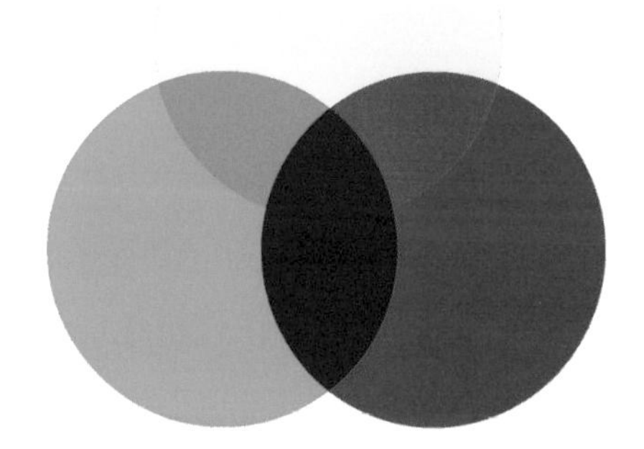

图2.14　减色

当两个色料原色等量混合时，将得到偏暗的二次色。

红+黄=橙

红+蓝=紫

黄+蓝=绿

当色料的三原色等量相混合时会得到黑灰色(色料三次色)。

红+黄+蓝=黑灰

3. 中性混合

中性混合是基于人的视觉生理特征所产生的视觉色彩混合，仅仅是一种视觉现象，并不改变色光或色料本身。由于混色效果的亮度既不增加也不降低，而是相混合色彩各亮度的平均值，因此这种色彩混合的方式被称为中性混合。

中性混合有两种方式：旋转混合和空间混合。

1) 旋转混合

把两种或多种颜色并置在圆盘上，通过动力让圆盘快速旋转，这时就会看到新的色彩，这种视觉现象就是颜色旋转混合。由于色盘的快速运动，第一种颜色在视网膜上的映像消失之前，第二种颜色对视网膜的刺激已产生作用，当第二种颜色的刺激消失之前，第三种颜色接着产生作用，颜色就这样在人的视网膜上产生混合，新的色彩效果代替原来色盘上的颜色。颜色旋转混合效果在色相方面与加色混合近似，但在明度上却是参与混合的各色的平均值。

2) 空间混合

通过物理学及人眼解剖生理学的相关研究可知，物体在视网膜上投影的大小，除了与物体的大小相关外，还取决于人眼和物体之间的距离。如一个色块，当眼睛向它靠近时，视角增大，在视网膜投影的影像就大；当眼睛远离它时，视角缩小，在视网膜投影的影像就相应缩小。如果将众多的不同色块(点或线条)并列放置，而且它们在视网膜投影的影像小到一定程度时，这些不同的颜色就会同时作用于视网膜上邻近的感光细胞，以致眼睛不能将它们独立地分辨出来，在这种情况下就会在视觉上产生色彩的混合。由于这种色彩混合是通过调节人眼和物体的空间距离来实现的，所以又称为空间混合。空间混合是三原色的混合，既不增加明度，也不降低明度，因此属于中性混合，三原色配色混合，如图2.15所示。空间混合的手法运用很广泛，但其起源可以追溯到古代的镶嵌画。同直接用颜料混

颜色	英文代码	形像颜色	HEX格式	RGB格式	颜色	英文代码	形像颜色	HEX格式	RGB格式
	LightPink	浅粉红	#FFB6C1	255,182,193		LightSteelBlue	淡钢蓝	#B0C4DE	176,196,222
	Pink	粉红	#FF0CB	255,192,203		LightSlateGray	浅石板灰	#778899	119,136,153
	crimson	猩红	#DC143C	220,20,60		SlateGray	石板灰	#708090	112,128,144
	LavenderBlush	脸红的淡紫色	#FFF0F5	255,240,245		DoderBlue	道奇蓝	#1E90FF	30,144,255
	PaleVioletRed	苍白的紫罗兰红色	#DB7093	219,112,147		AliceBlue	爱丽丝蓝	#F0F8FF	240,248,255
	HotPink	热情的粉红	#FF69B4	255,105,180		SteelBlue	钢蓝	#4682B4	70,130,180
	DeepPink	深粉色	#FF1493	255,20,147		LightSkyBlue	淡蓝色	#87CEFA	135,206,250
	MediumVioletRed	适中的紫罗兰红色	#C71585	199,21,133		SkyBlue	天蓝色	#87CEEB	135,206,235
	Orehid	兰花的紫色	#DA70D6	218,112,214		DeepSkyBlue	深天蓝	#00BFFF	0,191,255
	Thistle	蓟	#D8BFD8	216,191,216		LightBlue	淡蓝	#ADD8E6	173,216,230
	Plum	李子	#DDA0DD	221,160,221		PowDerBlue	火药蓝	#B0E0E6	176,224,230
	Violet	紫罗兰	#EE82EE	238,130,238		CadetBlue	军校蓝	#5F9EA0	95,158,160
	Magenta	洋红	#FF00FF	255,0,255		Azure	蔚蓝色	#F0FFFF	240,255,255
	Fuchsia	灯笼海棠(紫红色)	#FF00FF	255,0,255		LightCyan	淡青色	#E1FFFF	255,255,255,
	DarkMagenta	深洋红色	#8B008B	139,0,139		PaleTurquoise	苍白的绿宝石	#AFEEEE	175,238,238
	Purple	紫色	#800080	128,0,128		Cyan	青色	#00FFFF	0,255,255
	MediumOrchid	适中的兰花紫	#BA55D3	186,85,211		Aqua	水绿色	#00FFFF	0,255,255
	DarkVoilet	深紫罗兰色	#9400D3	148,0,211		DarkTurquoise	深绿宝石	#00CED1	0,206,209
	DarkOrechid	深兰花紫	#9932CC	153,50,204		DarkSlateGray	深石板灰	#2F4F4F	47,79,79
	Indigo	靛青	#4B0082	75,0,130		DarkCray	深青色	#008B8B	0,139,139
	BlueViolet	深紫罗兰的蓝色	#8A2BE2	138,43,226		Teal	水鸭色	#008080	0,128,128
	MediumPurple	适中的紫色	#9370DB	147,112,219		MediumTurquoise	适中的绿宝石	#48D1CC	72,209,204
	MediumSlateBlue	适中的板岩暗蓝灰色	#7B68EE	123,104,238		LightSeaGreen	浅海洋绿	#20B2AA	32,178,170
	SlateBlue	板岩暗蓝灰色	#6A5ACD	106,90,205		Turquoise	绿宝石	#40E0D0	64,224,208
	DarkSlateBlue	深岩暗蓝灰色	#483D8B	72,61,139		Auqamarin	绿玉\碧绿色	#7FFFAA	127,255,170
	Lavender	熏衣草花的淡黄色	#E6E6FA	230,230,250		MediumAquamarine	适中的碧绿色	#00FA9A	0,250,154
	GhostWhite	幽灵的白色	#F8F8FF	248,248,255		MediumSpringGreen	适中的春天的绿色	#F5FFFA	245,255,250
	Blue	纯蓝	#0000FF	0,0,255		MintCream	薄荷奶油	#00FF7F	0,255,127
	MediumBlue	适中的蓝色	#0000CD	0,0,205		SpringGreen	春天的绿色	#3CB371	60,179,113
	MidnightBlue	午夜的蓝色	#191970	25,25,112		SeaGreen	海洋绿	#2E8B57	46,139,87
	DarkBlue	深蓝色	#00008B	0,0,139		Honeydew	蜂蜜	#F0FFF0	240,255,240
	Navy	海军蓝	#000080	0,0,128		LightGreen	淡绿色	#90FE90	144,238,144
	RoyalBlue	皇军蓝	#4169E1	65,105,225		PaleGreen	苍白的绿色	#98FB98	152,251,152
	CornflowerBlue	矢车菊的蓝色	#6495ED	100,149,237		DarkSeaGreen	深海洋绿	#8FBC8F	143,188,143

图2.15　三原色配色表

合相比，空间混合的效果显得更生动明快，因此在产品设计、服装设计、广告设计、电视技术及绘画艺术上得到广泛应用。如在印刷中，可以将彩色图像分解为红、黄、蓝、黑(CMYK)四色网版，分别印刷在白纸上，印刷完毕，四色网版的网点其中有一部分在白纸上会重叠起来，产生减色混合后的新色，其余未重叠网点保持原色，如果单位面积内网点大到一定程度，就能够在视觉上产生色彩混合。混合后的图像的直观性取决于网点密度，当图像分辨率达到300dpi(每英寸内的网点像素数值)以上时，图像很逼真，只有通过放大镜才能看清网点。一般路边广告牌图像分辨率只有96dpi左右，人们走近看时只能看到一个个网点，但当离远一点观看时又能看到图像了。

颜色	英文代码	形像颜色	HEX格式	RGB格式	颜色	英文代码	形像颜色	HEX格式	RGB格式
	LimeGreen	酸橙绿	#32CD32	50,205,50		DarkOrange	深橙色	#FF8C00	255,140,0
	Lime	酸橙色	#00FF00	0,255,0		Linen	亚麻布	#FAF0E6	250,240,230
	ForestGreen	森林绿	#228B22	34,139,34		Peru	秘鲁	#CD853F	205,133,63
	Green	纯绿	#008000	0,128,0		PeachPuff	桃色	#FFDAB9	255,218,185
	DarkGreen	深绿色	#006400	0,100,0		SandyBrown	沙棕色	#F4A460	244,164,96
	Chartreuse	查特酒绿	#7FFF00	127,255,0		Chocolate	巧克力	#D2691E	210,105,30
	LawnGreen	草坪绿	#7CFC00	124,252,0		SaddleBrown	马鞍棕色	#8B4513	139,69,19
	GreenYellow	绿黄色	#ADFF2F	173,255,47		SeaShell	海贝壳	#FFF5EE	255,245,238
	OliveDrab	橄榄土褐色	#556B2F	85,107,47		Sienna	黄土赭色	#A0522D	160,82,45
	Beige	米色(浅褐色)	#6B8E23	107,142,35		LightSalmon	浅鲜肉(鲑鱼)色	#FFA07A	255,160,122
	LightGoldenrodYellow	浅秋麒麟黄	#FAFAD2	250,250,210		Coral	珊瑚	#FF7F50	255,127,80
	Ivory	象牙	#FFFFF0	255,255,240		OrangeRed	橙红色	#Ff4500	255,69,0
	LightYellow	浅黄色	#FFFFE0	255,255,224		DarkSalmon	深鲜肉(鲑鱼)色	#E9967A	233,150,122
	Yellow	纯黄	#FFFF00	255,255,0		Tomato	番茄	#FF6347	255,99,71
	Olive	橄榄	#808000	128,128,0		MistyRose	薄雾玫瑰	#FFE4E1	255, 228,225
	DarkKhaki	深卡其布	#BDB76B	189,183,107		Salmon	鲜肉(鲑鱼)色	#FA8072	250,128,114
	LemonChiffon	柠檬薄纱	#FFFACD	255,250,205		Snow	雪	#FFFAFA	255,250,250
	PaleGodenrod	灰秋麒麟	#EEE8AA	238,232,170		LightCoral	淡珊瑚色	#F08080	240,128,128
	Khaki	卡其布	#F0E68C	240,230,140		RosyBrown	玫瑰棕色	#BC8F8F	188,143,143
	Gold	金	#FFD700	255,215,0		IndianRed	印度红	#CD5C5C	205,92,92
	Cornislk	玉米色	#FFF8DC	255,248,220		Red	纯红	#FF0000	255,0,0
	Goldenrod	秋麒麟	#DAA520	218,165,32		Brown	棕色	#A52A2A	165,42,42
	F1oralWhite	花的白色	#FFFAF0	255,250,240		FireBrick	耐火砖	#B22222	178,34,34
	OldLace	老饰带	#FDF5E6	253,245,230		DarkRed	深红色	#8B000	139,0,0
	Wheat	小麦色	#F5DEB3	245,222,179		Maroon	栗色	#800000	128,0,0
	Moccasin	鹿皮鞋	#FFE4B5	255,228,181		White	纯白	#FFFFFF	255,255,255
	Orange	橙色	#FFA500	255,165,0		WhiteSmoke	白烟	#F5F5F5	245,245,245
	PapayaWhip	番木瓜	#FFEFD5	255,239,213		Gainsboro	Gainsboro	#DCDCDC	220,220,220
	BlanchedAlmond	漂白的杏仁	#FFEBCD	255,235,205		LightGrey	浅灰色	#D3D3D3	211,211,211
	NavajoWhite	Navajo白	#FFDEAD	255,222,173		Silver	银白色	#C0C0C0	192,192,192
	AntiqueWhite	古代的白色	#FAEBD7	250,235,215		DarkGray	深灰色	#A9A9A9	169,169,169
	Tan	晒黑	#D2B4BC	210,180,140		Gray	灰色	#808080	128,128,128
	BrulyWood	结实的树	#DEB887	222,184,135		DimGray	暗淡的灰色	#696969	105,105,105
	Bisque	(浓汤)乳脂，番茄等	#FFE4C4	255,228,196		Black	纯黑	#000000	0,0,0

图2.15　三原色配色表(续图)

2.2 产品设计色彩人工属性

人眼结构与视觉

色彩丰富的自然界给人们带来赏心悦目的视觉感受，而这种对色彩的感知是建立在人的视觉器官的生理基础上的，所以研究色彩设计有必要了解视觉器官的生理结构及其功能。

人眼球的形状大致是一个球形，眼球内具有特殊的折光系统，使进入眼内的可见光可以聚在视网膜上，如图2.16所示。人的视网膜上有两种细胞以产生视觉：视杆细胞和视锥细胞。视杆细胞对弱光敏感，在夜间及弱光环境下发挥作用，视锥细胞内有红、绿、蓝3种感光色素，它们不仅对光敏感，对颜色也非常敏感。任何一种有色光线射到视网膜上，都能不同程度地分别引起这3种视锥细胞兴奋，沿着不同的神经通道，传入大脑皮层中的视觉中枢，产生相应的色觉。当3种含有不同感光色素的视锥细胞受到的刺激相等时，看到的就是白色；当它们受到不同比例的混合刺激时，即可形成各种各样的色觉，人们就是这样通过视觉来感知这个绚丽多彩的世界的。当视锥细胞的色素混乱、色觉出现紊乱时，人便会患色盲症。色盲较多偏重于红绿色盲，蓝色盲极为少见。

研究实验表明，人眼这一视觉器官及视觉神经系统，如图2.17所示，由于其特殊结构，当受到不同外界刺激作用时，会引起相应的时间性质及空间性质的视觉变化模式。

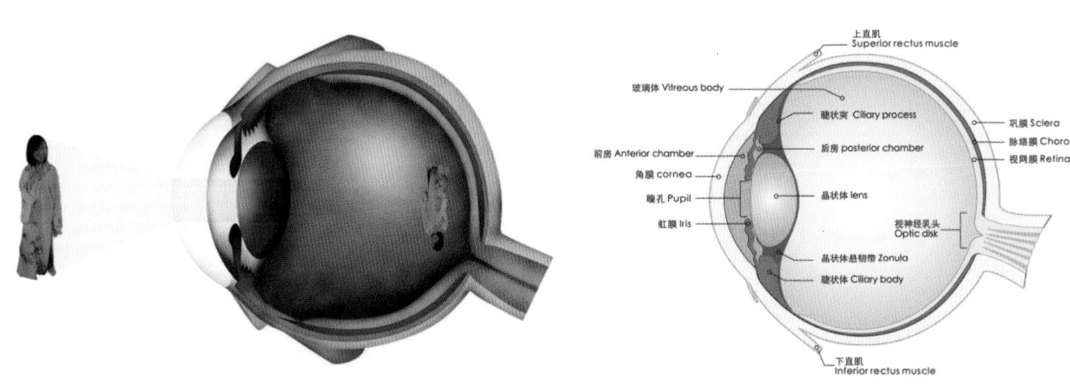

图2.16　人眼的成像原理

图2.17　眼球的结构图

当连续的刺激先后作用于视觉器官时，便形成视觉刺激的时间变化模式，它包括以下

3种作用方式。

(1) 累积作用：当微弱的光长时间作用于视觉器官时，由于在时间上产生的积累而能起到视觉刺激效果。

(2) 融合作用：当灯光明灭间隔即通断时间短于1／20s时，人们会看到灯光不再一明一灭地闪动，而是连续亮着。这是一种融合效应，因为人对光的视觉后效所持续的时间已经占据了灯熄灭的时间间隔。基于此原理，当人们把一张张静止的图像以大于12张／s的速度播放时，图像就会流畅地连接起来，动态影像和电影便是利用人的视觉后效的持续作用造成前后映像的融合。

(3) 适应现象：若同一个感官不断接受一连串相同的刺激时，就会造成后来的刺激作用减弱。如白天人们从明亮的地方进入黑暗的电影院看电影，一开始眼睛只会感到一片漆黑，过一会就自然多了，并隐隐约约逐渐看清周围的事物。

当视觉器官同时受到不同种类的刺激时，便形成视觉刺激的空间变化模式，它也存在3种不同的作用方式。

(1) 空间的累积和扩散：一个光点若要使人能看到，需要在视网膜上达到一定数量的刺激点，即需要引起视网膜上一定区域内视觉细胞的兴奋，这称为视觉的空间累积。在黑色背景上的白色方块看上去要比白色背景上同样大小的黑色方块稍大些，这是因为白色方块的图像可引起视网膜上更多的视觉细胞兴奋起来。这种空间上扩大的错觉称为视觉的扩散现象。在色彩构成中，空间扩散广泛应用于图案设计中的背景色和前景色的处理。在产品色彩设计中，相同形态的产品，浅色款较深色款看起来体量更大些。

(2) 空间融合：不同色块混合后随着观看距离的变化可对视觉产生不同的刺激结果。当观看距离加大或色块的单元体量更小时，不同的颜色在视觉感知上更容易融合在一起。运用这一原理，法国新印象派(即点彩派)发明了点绘法，不用调色板调色，而在画布上直接画出各种纯色的点，靠观众自身视觉的空间融合产生出生动的色彩绘画效果。

(3) 同时对比：同一个灰色圆环，在暗的背景下显得亮，而在亮的背景下则显得暗，这是由于对比产生的视觉上的相对知觉差异。

以上提及的视觉与色彩之间的特殊作用关系及其效果，在推敲产品设计色彩时，有些需要去避免，有些则需要发挥。

色彩源于光，包括自然光与人工光。色彩包括自然色彩与人工色彩，产品设计色彩多为人工色彩。产品设计色彩构成要素的划分基于色彩研究和规划产品设计的需要。从产品

的自然或人工属性上，可以将产品中的色彩分为人工色彩和自然色彩。其中，人工色彩主要是以人造为主的产品设计色彩，包括产品本身色彩和产品印刷色彩。人工色彩是产品色彩的主控要素，是人们现代生活的时尚要素，最能反映产品设计的现代性、时尚性。

产品可以理解为由形和色构成的立体实物，色彩与形态紧密相关，在某种程度上甚至比形态有更强的冲击力和吸引力，产品设计中一切要素只要诉诸视觉，那么它必定有人工色彩。因此产品设计人工色彩是构成产品视觉感的主要因素，也是辨别产品功能的主要手段之一。产品设计色彩也是企业形象识别的重要组成部分，每种产品都应该有自己的色彩特点，形成具有本地特色的产品标准色，形成富有特色的产品品牌。

色谱是规划和管理产品设计人工色彩的直接工具，因此，色谱的制定必须谨慎而全面，尽可能地依据产品的传统、文化和地域特性及消费者需求入手，不能过多带有产品设计师自己的色彩偏好。产品设计色彩通常是以自然色彩和人工色彩共同构成产品色彩应用标准。

(1) 自然色彩的提取一般是通过对自然环境的色彩分析归纳，提炼出若干色彩，作为产品设计色彩推荐为色谱的一部分内容，一般可作为点缀色或辅助色。

(2) 人工色彩提取一般是通过对传统人文色彩，特别是产品色彩的分析归纳、色彩测定，将这些色彩直接应用于产品设计色谱当中，这是产品设计色彩规划中体现色彩人工性的核心和关键。

(3) 人工色彩的分解和转化是将传统产品色谱经转化或分解，即一定程度的变异，作为现代产品设计色彩规划的色谱内容，这种转化是利用人的视觉感知，进行的有限度的转化。这种反方法更容易与现代的技术手段和现代的审美标准相符合。

(4) 经专家评价的现代常用产品色彩应用中，有些色彩可能是非产品设计应用色彩，或是产品设计中不常见的色彩。经专家论证，如果与产品设计色彩相协调，则也可为人们所用，成为产品设计色彩并推荐为色谱的一部分。

2.3　产品设计色彩造型法则

从视觉艺术的角度考量，色彩美是产品设计色彩的基本要求，而创造产品设计色彩的美感，一直是产品设计师们苦心追求的目标。要达到这个目标，一方面要利用敏锐及主观的感性认识，直觉地去设计产品色彩；另一方面也要试图在大量设计实践的基础上总结出一套公式化、标准化的产品设计色彩造型法则，将色彩的复杂配置构筑成简单的产品设计色彩应用系统，供产品设计时快捷地实际应用。由于人与产品有着更为密切、直接、复杂的关系，所以产品设计色彩的配色不同于极其强调色彩诱目性的广告、包装的色彩配置，可以说产品设计色彩有着自身的一套配色原则及技法，掌握这些造型法则、学习这些法则对于产品设计师来说是非常重要的。

2.3.1 色彩设计的造型源泉

产品设计色彩的美学源泉是对产品色彩的造型审美法则、色彩设计的形式美感和产品色彩设计配色3部分内容的有机结合。通过对这些法则和形式的认识，才能在产品设计色彩中正确、科学地表现产品的色彩美。

1. 自然界色彩

自然界蕴藏着丰富的色彩。植物、动物、昆虫、山石、流水、天空的形与色千变万化，可谓天然的色彩宝库，让人去探索，给人美的视觉享受，是人类所有色彩认知的源泉，从根本上激发色彩设计者的灵感。人类对自然界基本色彩的认知是极为强烈的。自然界最明显、最典型、最令人印象深刻的色彩要属春、夏、秋、冬四季以及早、中、晚三时景物的各种色彩变化及动植物等身上的各种鲜艳色彩，如图2.18所示。

图2.18　春夏秋冬

2. 传统文化色彩

从传统的装饰美术中，往往可以看到一个民族和地域的历史与文化。色彩由自然界进入人化世界，形式与内涵源于自然，却都在随着人的主观认知发生着变化，久而久之就形成关于色彩的文化传统。传统文化的色彩因而也有一个时空的主线可循。东方的华夏民族自古是一个偏重人文的民族，传统文化中没有西方或中亚等地区那么浓烈的宗教内容，因而色彩也重在反映人文主题，儒、道文化崇尚的中庸、内敛、自然的文化精神同样反映于色彩文化。如此的色彩精神通过中国画可见一斑，水墨画甚至忽略有彩色系。我们的传统色彩文化可追溯至石器时代。在新石器后期创制出以白、黑、红几种单色为主的彩陶制

品，如甘肃省境内的仰韶文化彩陶在土红色底子上描绘黑色线条图案，马家窑文化的马厂彩陶黑红并用等。中国原始社会彩陶美术中出现的这些简单的色彩，其使用目的在于先民对自身生活进行的描述，含有自然崇拜的因素，颜料也是选用最易取得的材质或材料的固有色，此时色彩的功能与审美意识尚未成熟。随着封建社会思想与文化的发展，色彩文化也不断丰富，如历代帝王从“阴阳五行”——金、木、水、火、土之说中提炼出青、赤、黄、白、黑这五色，加以不同程度的崇尚，如秦王朝崇尚黑色、汉王朝崇尚黄色等。因此在现代产品设计色彩中，一定要注意发挥民族属性与特长，不断探索，在延续中创新，如图2.19所示。

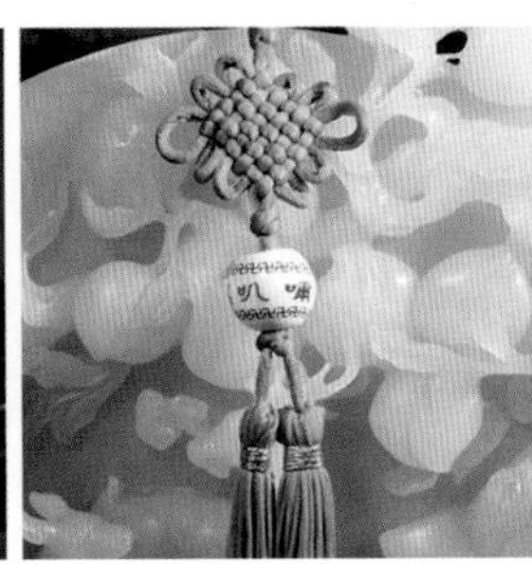

图2.19　传统产品

3. 绘画色彩

能充分反映色彩艺术之美的莫过于绘画艺术。一幅绘画作品的和谐是各种色彩巧妙的结合，是艺术家主观对色彩认知精心组合的成果。画家们凭借自己独到和敏锐的观察、丰富的情感和娴熟的技巧创造出多姿多彩的、色调和谐的绘画作品，其中主要是对色彩的艺术表现。每位画家都以自己钟爱的色彩创造自己特有的绘画语言，同时也诞生了非R的色彩语言。特别是近现代绘画艺术，色彩除了表达画家丰富的视觉感知外，还表现出画家内在精神的多层次感染力和由此而触发的色彩想象，即近现代画家的艺术创作过程不单是运用表象的色彩感觉与经验，而是在丰富的色彩感觉基础上进一步地使用和揭示出色彩情感和色彩想象的广阔空间。色彩对于近现代画家而言，不仅仅是绘画过程中的直觉表达，更不是简单的形式元素。前文已提及，印象派打破了自欧洲文艺复兴以来，色彩作为造型艺术的直观形态构造特别是明暗素描附庸这一传统的观点，现代派画家在创作时认定色彩是人的感觉、感情本质的外在反应。现代派绘画色彩的全面发展，推动绘画艺术进入人类最新的精神层次，并且在这个精神层次上影响着现代人类的审美精神和深层心理。人们发现，色彩虽然产生于光色的作用，但对于绘画艺术家来说，色彩最终就是人的感觉、感情和想象的本质及本质的外化再创造。影响这个时代最突出的、至今对人们的绘画色彩创作以及色彩教学有着巨大影响的诸多近现代绘画艺术家对于色彩学的研究贡献颇多，如荷兰画家凡·高的典型绘画色彩作品，如图2.20所示。

图2.20 凡·高作品

4. 科技色彩

科技色彩是现代科学技术发展的产物。科技色彩深度依赖光学、物理学、材料学等自然学科在色彩方面的分析研究成果，尤其注重色彩在人的生理、心理上产生的反应，并理性地加以运用。设计师对于科技色彩的认知，不只是简单地取代色彩的艺术性，更重要的是有机结合，这样才能达到产品设计色彩的预期目的。科技色彩存在的决定条件是人类科技的发展，特别是人类在特定时期对科学技术的崇拜，新的材料、新的技术、新的产品概念总是给人以惊喜，尤其是计算机技术的发展与延伸，使得人类智能得以无限延展。而互联网的广泛应用更造就了一个跨越时空的信息时代。21世纪是一个信息科技与人工智能密切结合的新科技世纪，新的人文思想不断涌现，这一切将活化产品设计色彩的内涵与方式，也将改变传统的产品设计色应用的方法和方式，高科技产品如图2.21所示。而作为设计师，科学技术领域都应有广阔的视野，注重科技色彩在产品设计中的应用，同时也不应忽视人类对自然色彩、传统色彩的依恋。

图2.21 高科技产品

5. 流行色

流行色是指某一个时期人们普遍喜爱而盛行的一种带有短期倾向的色彩。流行色的英文名称是Fashion Color，意为时尚的、时髦的、风行的色彩。流行色的存在是拥有着共同的美感心理的区域社会内部的表现。这种美感心理是一定地域内、短时期社会心理的集体反映，如短期内具有共同关注的社会事件、人文主题等。流行色是合乎时代要求并被时代偏爱的色彩，它反映了一定时期人们对色彩的倾向与追求。当一些色彩结合了某一时代的特有特征，符合大众的理想、认识、欲望、兴趣时，这些具有特殊感情力量的色彩就会流行开来，如2012秋冬纽约时装周杂志报道：今冬流行精确剪裁的军装式外套，与女性化雪纺的混合配搭，为延绵不绝的军旅风增添了动人的时尚亮点。随意轻快的外套，对襟夹克或合体七分裤，配上镶饰的闪亮恤衫；抑或是超大的男友西装或四方剪裁的外套，搭配纤细的裤子或系扣式衬衫；还有充满东方印花的锦缎、不对称的灵感来自和服或旗袍等细节，军绿色将成为今冬的流行色，如图2.22所示。流行色存在的另一个重要原因是现代媒体传播与舆论工具的盛行，对人的主观认识具有一定的引导作用。产品设计色彩一定要掌握流行色发展的实时情况，适应市场需求，同时也应根据设计项目理性地、有选择地对待。

图2.22　军绿女装

2.3.2　色彩设计的造型法则

广义的色彩设计就是利用色彩的色相、明度、纯度以及冷暖、形态和面积等要素之间的相互关系，使色彩搭配对比中体现和谐、变化中体现统一，最终呈现出功用美与艺术美，这就涉及色彩的审美问题。色彩审美虽然受个人修养、时代特色、地域特征、民族传统等复杂内容的影响，并且美自始至终是一个难以捉摸、具有哲学意味的朦胧概念，创造美更是一个扑朔迷离的活动，但还是有一些基本的美学法则可以遵循。

1. 对比

将存在差异的两组事物并置，通过一定的原则、标准进行相互比较对照，称为对比。任何概念和层次上的个体间都存在差异、存在对比，它会使强者更强、弱者更弱、大者更大、小者愈小，即经由对比产生的事物间的关系，可以增强个体要素所具有的特性。色彩设计中的对比的表现形式包括：线形的对比、形状的对比、分量的对比、明度的对比、纯度的对比、色相的对比、质地的对比、动态的对比、位置的对比等。

对比无处不在，正因为有对比的存在，让人们可以感知到这个世界，如声音的对比——强弱、长短、高低、抑扬等，让乐曲充满旋律；在文学戏曲中悲恸的哭泣与欢乐的笑声，或人物角色的命运对比都是为了让剧情鲜活，令人们感知人生；等等。对比是多种多样的，即使是同一组事物也可以从不同的角度进行对比。色彩在色相上的对比关系在色彩学中称为补色，一组补色在色相环上的位置是成180°角两两相对的，如紫色与黄色、红色与绿色等。风格派代表格利特·托马斯·里特维尔德(Gerrit Thomas Rietveld，1888—1964年)设计的红蓝椅，利用对比颜色，使画面呈现明快、活泼的效果，如图2.23所示。运用色彩补色对比的手法，创造了在当时具有划时代意义的设计作品。

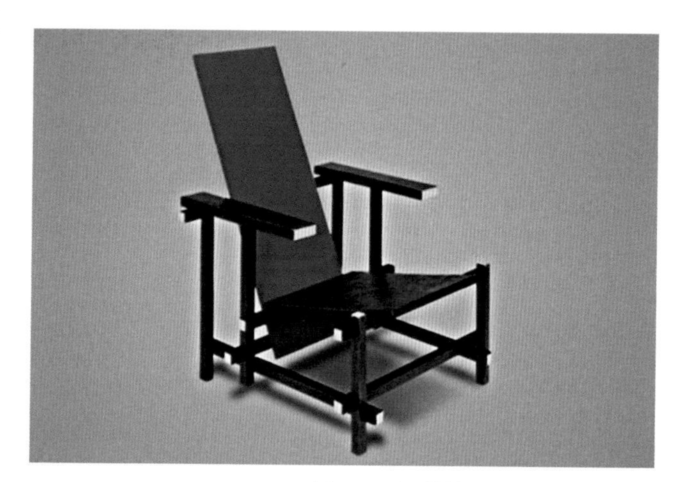

图2.23　红蓝椅

2. 渐变

渐变通俗而言就是逐渐的改变，它遵循一定的节奏、秩序和规律，给人视觉、心理、情感与逻辑上的可辨知性。渐变的种类很多，如同前面的对比一样，任何主题与概念都可以成为渐变遵循的规则。在造型艺术中，造型元素如点、线、面、色是渐变的视觉组织元素，而造型元素的属性和造型法则可演变为渐变遵循的规则，如形状渐变、大小渐变、位置渐变、疏密渐变、方向渐变、色相渐变、纯度渐变等。渐变最典型的一种类型是渐层，如在形状渐变中，一排圆由大到小排列，或自上而下，或由左至右，此即形的渐层。另

外，以同心圆向外辐射状排列而达到让视觉延伸的目的也是渐层的一种；再如颜色的渐层，将颜色由深至浅或由浅至深的分布；等等。造型艺术中，渐层的代表性运用在建筑方面如东方式宝塔，在中国画中如无骨画，不论是一片叶子、一片花瓣都呈现渐层的变化。渐变会给人视觉上层次清晰、婉转不突兀和认知上循序渐进的感觉。色彩渐变是指色彩的各要素作等差或等比的变化，使色调由小到大或由大到小的渐次变化。渐变能使人的视线很自然地由一端移向另一端，从而具有流动感。一般色彩渐变的设计方法如下。

(1) 依照色相环上的红、橙、黄、绿……排列顺序形成色相的渐变，如图2.24所示。

(2) 依照由明到暗或由深到浅的变化顺序形成色彩明度上的渐变，如图2.25所示。

(3) 依照由高到低或由纯到“浊”的变化顺序形成色彩纯度上的渐变，如图2.26所示。

图2.24　红、橙、黄、绿渐变

图2.25　明暗深浅渐变

图2.26　纯到“浊”渐变

3. 对称

对比是一种手段，渐变是一种节奏，而广义的对称是一种关系。狭义上，所谓对称就是围绕一个基准，放置两个或多个相同、相似的事物。通常，对称的形态在视觉上具有自然、安定、均匀、协调、规整、典雅、庄重、肃穆的朴素美感，符合人们的视觉和心理习惯。造型艺术中，对称的表现形式包括线对称、点对称、感觉对称。假定在某一图形的中央设一条直线，将图形划分为相等的两部分，如果两部分的形状完全相等，这个图形就是线对称的图形，这条直线称为对称轴。假定针对某一图形，存在一个中心点，以此点为中心通过旋转得到相同的图形，即称为点对称。点对称又分为向心的“求心对称”、离心的“发射对称”、旋转式的“旋转对称”、逆向组合的“逆对称”，以及自圆心逐层扩大的“同心圆对称”等。对称的图形具有单纯、简洁的美感，以及静态的安定感，但易流于单调、呆板。自然界中到处可见对称的形式，如人体及其他多种动物、昆虫等以脊椎为中心对称生长，鸟类的羽翼、花木的叶子等。对称在人造世界中也十分常见，如东西方的建筑艺术中，对称一直是构建建筑的基本形式之一等。

色彩设计中的对称，在中心对称轴左右两边所有的色彩形态对应点都处于相等距离的形式，称为色彩的左右对称，其色彩切合形象如通过镜子反映出来的效果一样；如以对称点为中心，两边所有的色彩对应点都等距，按照一定的角度将原形置于点的周围配置排列的形式，称为色彩的放射对称；而回转角作180°处理时，两翼成螺旋桨似的形态称为色彩的回旋对称。色彩的对称在产品色彩设计中的运用是非常广泛的，它以形体的对称为基础，两边赋以同样的色彩，如汽车、手机、家电等产品通常采用这种方法，如图2.27所示。

图2.27　手机

运用对称造型法则要避免由于过分的绝对对称而产生单调、呆板的感觉，有的时候在整体对称的格局中加入一些不对称的因素，反而能增加构图版面的生动感和美感，避免单调和呆板的视觉惰性。

4. 均衡

均衡是一种状态，是指事物在思想意识上达到平衡，造型艺术中的均衡属于视觉思维上的平衡，并不仅仅是指物理层面量的关系。对于均衡，有对称均衡和非对称平衡之分。形态、色彩、材质在画面和空间中所具有的轻重、大小、明暗、远近、强弱、糙细等，只有保持一种平衡状态，才会令人产生视觉与心理上安定的感觉。在观看图形时，最直观地来说，人们可以假设在视觉中心安置一个天平，左右秤盘上各放置一个圆，两个相同大小的圆，天平就会平衡；但若一方换成小圆，就会失去均衡。这时若将小圆远离中心，或者在小圆那方再加入圆，都可以达成均衡。天平左右两侧虽然有长有短、有大有小、有多有少，但却充满均衡感。中国水墨画的留白(又称飞白)就是在画面中留下大量空白，来均衡

墨迹之间的视觉力场；而像插花作品，也是充满均衡之美的造型艺术，利用线条的延伸、花朵与枝叶的块面、颜色的深浅冷暖在花瓶之间达到视觉的均衡美感；书法的行书、草书讲究布局，也是在追求一种均衡。

色彩均衡是指两种以上的色彩配置在一起时，在视觉上具有平稳安定的感觉。色彩的明暗、轻重、冷暖和面积等是影响色彩均衡的主要原因。一般色彩均衡的设计方法如下。

(1) 高纯度色和暖色在面积比例上要小于低纯度色和冷色，易取得均衡。

(2) 高明度色彩在上方，低明度色彩在下方，易取得均衡。

产品的色彩设计注意配色的均衡，主要是指视觉上和知觉上的平衡。在产品色彩的设计上，要考虑色彩的冷暖感、轻重感、虚实感、远近感、明暗感等，一般搭配法则如下：上轻下重，上软下硬，上浅下深，上小下大(面积)，上虚下实，上分散下整体，上醒目下沉稳等。再如对于左右方向的均衡，在色彩设计上主要是采用对称的方式。为了视觉的均衡，在色彩设计上，要合理应用水平装饰线条，慎用垂直装饰线条，要弱化垂直的线或面，因为垂直的线或面容易造成视觉上的割裂效果，造成产品造型的整体散乱。

5. 比例

比例是一种偏理性的造型方法。在造型艺术中，所谓的比例是指形态与外部环境、形态内各组成部分之间长度、面积、体积等量度的比率。在人类的造物历史上，比例无处不在，一直被运用在建筑、家具、工艺器物以及纯艺术创作上。尤其是在近现代之前的西方，如希腊、罗马时期的建筑中，比例的运用体现出的社会内涵、精确的数理之美被当做是当时西方文明的一种象征。除了建筑之外，古代的学者、艺术家甚至把比例公式化、绝对化，其中最常用、最重要的比例就是黄金比例，又称黄金曲线或黄金造型，是指长与宽的比为1:1.618或3:4:8。古希腊人把黄金比例认为是最完美的比例关系而活用在各种造型活动中。它的基本方法是：把一条线分割成大小两段，小线段和大线段的长度比，等于大线段和整根线的长度比。有许多的艺术作品皆符合此“原则”，日常生活中如门、窗户、书籍、桌面、扑克牌都是依照黄金比例来设计的，如图2.28所示。黄

图2.28　扑克

金比例关系作为设计的一个“基本原理”，宜在繁杂变化中求得统一。

在进行产品的色彩设计时，要考虑各部件、各块面的色彩比例及尺度，对于不合适的色块区域采用分割的方式使其与整体协调。大面积的色块会过于沉静或过于刺激，用色块或色带将其进行比例分割，这样既有变化，又能形成比例的协调美。

6. 节奏

生命中充满了节奏，最熟悉的莫过于人们心脏和脉搏跳动的节奏。节奏是一个时间维度的概念，它的存在使人们可以清晰地认知并把握事物及其特性。在日常生活的环境中，四季的变化、植物的成长、动物的运动、波涛汹涌的海浪、麦浪、炊烟以及各种生理反应等都存在着律动的美。再如高低起伏的山脉、造型离奇的海岸等这些空间中存在的节奏，就需要人们运用视知觉去把握、概括与认知。在艺术领域，一般说来，节奏和时间性艺术门类的关系密切，如音乐、舞蹈、电影、戏剧、诗歌等。以音乐为例，如图2.29所示的乐器利用听觉在时间上的间隔，通过声音的强弱、高低、长短来呈现抑扬顿挫的变化，表现出律动美。狭义的节奏也是指曲乐中韵律节拍按照一定的规律轻重缓急地变化和重复。反映于造型艺术，节奏如何把时间概念反映于空间中，是指视觉元素——点、线、面、色按照一定的视觉可感知规律被排列时所产生的韵律感。凡是规律的或不规律的排列，或渐变、或突变，都算是节奏，如中国书法最具有线条的节奏之美，楷书如细水潺潺，狂草若惊涛骇浪，行书则仿佛大江东去，是时间的节奏感和空间的节奏感在视觉上的交融。

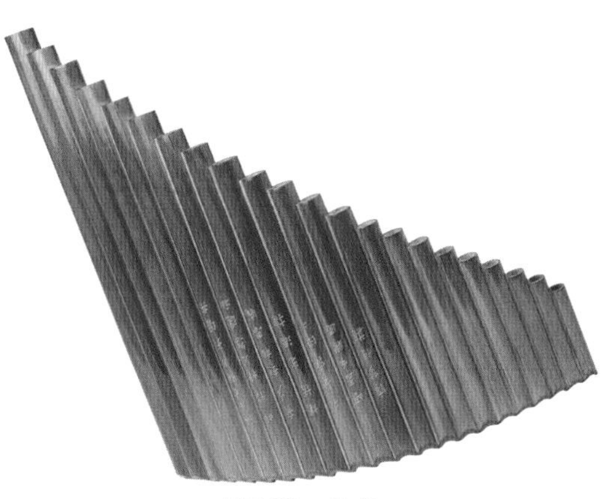

图2.29 节奏

色彩的节奏是指在艺术设计作品中，色彩的色相、明度、纯度、面积等要素在浓淡、冷暖、明暗、色块大小等角度组合而产生的视觉效果，既可像光谱那样把色相顺次排列，或同一色相以不同明度阶梯式变化，或通过颜色单元的聚散、重叠、反复、转换、回旋等产生运动美感，也可通过重点重复产生更多层次的节奏。产品设计的色彩节奏安排，根据产品的功能、使用环境、使用者、工艺要求等科学、理性地处置。

7. 统一

把相同或类似的形态、色彩、肌理等各种要素，作有秩序的组织、整理，使之有条不紊，并且找到共同的特性将彼此串联起来，称为统一。一般说来，统一可用来表现高尚权

威的设计意象，也可以达到平稳及均衡的美感。某种意义上，造型艺术中的统一是创作的主旨。

色彩的统一就是指调子的统一，即色彩在色相、明度、纯度等方面追求共通性。色彩的统一的方法如下。

(1) 色相的统一，即在各色相中加上同一色相。

(2) 明度的统一，即同时加白或加黑，使各色彩的明度接近。

(3) 纯度的统一，即在各色相中加上灰色以使各色纯度接近。

画家可用形或色来统一画面，像雪景以白色来做统一的基调，黄昏就是以黄色来统调，印象派的画家是以光影来做统调，凡·高和修拉的点描法是以笔触来统调，而中国的皴法也是以各种不同的皴法来做统调，至于雕刻作品，则是以刀法统一。然而，过分的统一将会失去生动而流于呆板，如单元形体大小、形态、色彩完全相同，而且作等距离排列时，便会产生单调的视觉感受。所以在讲究统一的同时，还需要注意到统一中变化的问题。因为变化也可诞生美，但所谓变化是在异质的诸多要素中求统一。换句话说，就是将不同的形态、大小、色相、明度、纯度、方向、肌理等有机地规划组织，使它能被视知觉认知的同时，体验更多的丰富多彩性。

要做到在变化中求统一，主要处理好调和关系、主从关系、呼应关系等；要做到在统一中求变化，主要处理好对比关系、节奏关系、重点关系等。呼应关系是做好色彩平衡的重要手段之一，也是在变化中求统一的一种手法，如在汽车内饰设计时，车门玻璃开关面板、中控台操纵面板一般做成主色调的对比色或高光色，但它们之间应有一种呼应关系，使之在变化中又有统一，成为主色调的点睛之笔。产品色彩设计的统一，主要就是色彩的整体协调，整体感是形式美的重要因素，产品设计色彩必须有一个主调，其余颜色应围绕这一主调加以统调，不能割裂、混乱主色调，如图2.30所示。

图2.30　统一

8. 强调

产品设计色彩必须突出重点，为了弥补色调的单一，可以将某个局部的色彩作为重点加以强调，从而使整体产生活跃感。在整体配色比较柔和时，突出重点也是必要的，可采用如下方法：重点部位应该选用色调强烈的色彩，或选择整体色调的对比色；重点色彩宜用于较小的面积上，重点色的选择还应考虑配色方面的平衡效果等。

强调是为了调节配色效果，强调某一或某些色彩和色调的对比关系。

使用强调色要注意以下各项原则。

(1) 强调色要比其他色彩强，并处于中心或显眼位置。

(2) 强调色的面积不宜太大，强调的主题要恰当。

(3) 要强调某种对比关系，应避免其他对比关系的干扰，如强调色相的对比，就应避免明度和纯度的对比。在电话机的设计中，保留键用黄色加以强调，就是这个道理，如图2.31所示。

图2.31　电话机

2.4　产品设计色彩形式原理

在产品造型艺术中，所有的造型语言可以概括为对比与调和两大原理。造型法则强调的是方法论，是过程，而产品设计色彩形式原理注重于思想论，是整体，它贯穿于产品设计始终。

2.4.1　色彩的对比

在形式上，所谓色彩的对比，即把两种或多种颜色放在一起，通过比较出它们色彩属性的差别，搭配出某种预期的视觉效果。如果色彩对比效果强烈，产品的视觉刺激性就会增强，容易激发动态的审美情感，促进消费者产生购买欲望；如果对比效果缓和，就会产生涟漪般的静态审美情感；如果缺乏对比，就会使形态变得混浊，淡然无味，不利于产品的销售。

色彩对比就是多种颜色的产生在质和量上的比较及构成的色彩视觉关系。不同对比方式的运用，会产生不同的色彩效果，形成不同的色彩情调。没有对比就没有色彩美，对比是色彩设计的基本造型法则和形式原理。色彩之间有对比才有鉴别，有鉴别才能发现和创造色彩的美。如果将色彩的对比根据对视网膜上感色细胞的不同刺激方式加以区分，那么

同一时间同时察看一组色彩进行对比称为同时对比，不同时间分别察看一组色彩的不同部分的对比称为连续对比。

同时对比，即色彩的同时对比如果以明度对比为主，明度高的色彩显得更加明亮，明度低的色彩显得更加暗淡。另外，两种相对比的色彩并置，各方都倾向于把对方推向自己的补色。连续对比，即利用色彩在视觉的时间差上的连续反应进行的色彩对比。在产品设计色彩领域里，连续对比的现象越来越多地被设计师们加以利用，如利用它来加强产品视觉传达的效果，或减轻视觉疲劳等。

下面重点介绍色彩对比的几种类型。

1. 色相对比

因色彩的色相差别而形成的色彩对比，称为色相对比。一般是当主色相确定后，考虑其他颜色与主色相之间的关系，根据要表现什么内容及效果等加以组合，这样才能增强色彩整体的表现力。这种对比被称为色相对比。

纯色相对比之美是颜色组合间纯度最高、最热烈、最简明的对比所形成的美。色相环上的红、橙、黄、绿、青、蓝、紫色相之间对比效果的强弱程度，取决于色相之间在色相环上的距离。色相对比其实是动态地表现光谱中不同色相的基本面貌，归根结底是色光的不同波长带来的视觉差别。

2. 明度对比

由于色彩的明暗差别而形成的对比称为明度对比。这种对比源于照射光的强度大小不同，也是色彩设计中最基本的色彩对比形式。明度对比有无彩色对比和有彩色对比，无彩色明度对比是黑白灰的明度对比，黑色明度最低，白色明度最高，黑白对比形成最强的明度对比效果，与其他有彩色搭配容易取得和谐、统一的色彩视觉效果；有彩色的明度对比包括同色相的色彩的明暗对比和不同色相的色彩的明暗对比。明度对比强，给人以明快、活泼、华贵、清晰、锐利、辉煌的视觉认知感受；明度对比太强，则有刺激、生硬、炫目、简单的视觉感受，黑色和白色的对比是明度差异最大的对比；明度对比适中，给人以朴素、柔和、丰富、明朗、疏远的视觉感受；明度对比弱，给人以模糊、含混、单薄的感觉。另外，还有远视的效果差，具有形象不易看清和易看错的缺点。

3. 纯度对比

色彩因纯度、彩度、鲜艳度的差别而形成的对比称为纯度对比。纯度差大的对比，属于强对比，给人以兴奋、鲜明、艳丽、生动、活泼、刺激的视觉感受；纯度差小的对比，属于弱对比，给人以柔和、含蓄的视觉感受。纯度差越小，柔和感越强，但清晰度也越低，因而形象比较模糊。此外，纯度对比不足时，往往会出现配色的脏、闷、燥、单调、软弱、含混等缺点。

4. 面积对比

色彩因面积上的差别而形成的对比，称之为面积对比。面积对比是色彩的色域分布、色量关系的反映。面积对比是一种量的比例对比。色彩面积的大小对人的心理和生理的作用效果是有差别的，一般来讲，产品色彩设计中，大面积的色彩对比都应选择明度高、纯度低、色差小、对比弱的配色。这样能使人感到明快、舒适、安详、和谐，即使长时间、近距离使用较长时间，也能保持美的使用感受；中等面积的色彩对比，多选择中等程度的对比，既能引起视觉上的充分愉悦，又能较持久地保持舒适的使用感受；小面积的色彩对比，灵活性相对大一些，弱对比能得到不少内敛型使用者的喜爱，强对比效果起到画龙点睛的作用，也不会产生很大的刺激。小面积的色彩常用作点缀，纯度、明度都可以配得较高，使其活跃醒目，如产品上小商标的色彩，往往采用强对比者居多。产品设计色彩面积对比的案例有很多，如图2.32所示。

图2.32　足球

5. 冷暖对比

色彩因其冷暖差别而形成的对比，称之为冷暖对比。产品一般采用冷暖差别小的弱对比，如在暖色系中，红与橙、橙与黄、红橙与橙黄等，在冷色系中蓝与蓝紫、蓝与蓝绿都属于冷暖的弱对比。如果暖色调的黄色与冷色调的蓝色相配合，应该用带黄光和蓝光的间色为界线色来缓和，使它既显眼夺目，又和谐统一。

6. 综合对比

因明度、色相、纯度等两种以上性质的差别而形成的色彩对比，称之为综合对比。按孟赛尔色彩体系的观点，各纯色的纯度不同，明度也不同，不可避免地存在着纯度对比与明度对比。因此，纯色相同时的对比本身就不算单项对比，也应称为综合对比。

2.4.2　色彩的调和

色彩调和是从音乐理论中引进的概念，是指各种颜色的配合取得和谐的意思，是指色彩之间具有明显的同一性，或表现为不带强烈、尖锐的刺激性，能给人以和谐、温柔、雅

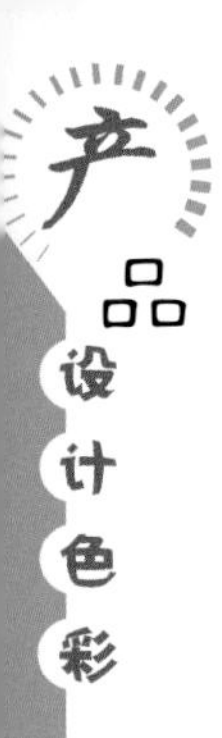

致的视觉感受。

色彩调和一般有两种解释：一种指有差别的、对比看的色彩，为了构成和谐统一的整体，必须经过调整与组合的过程；另一种指有明显差别的色彩，或不同的色彩对比色组合在一起时，能给人以不带尖锐刺激的和谐与美感的色彩关系。

色彩调和有两种含义：其一，它是配色美的一种形态，一般美的配色能使人产生愉悦感与舒适感，这种配色就是经过调和的；其二，它是配色美的一种手段，色彩调和是就色彩的对比而言的，没有对比也就无所谓调和，两者既相互排斥又相互依存，相辅相成，相得益彰。不过色彩的对比是绝对的，因为两种以上的色彩在构成中，总会在色相、明度、纯度、冷暖、面积等方面或多或少地有所差别，这种差别必然会导致色彩这些方面的不同程度的对比。过分对比的配色需要加强共性来进行调和，过分模糊的配色需要加强对比来进行协调。从美学意义上讲，色彩调和就是各种色彩的配合在统一与变化中表现出来的和谐。一般来说，互补色的配色是需要调和的。总之，色彩的调和在色彩学中是指两个以上的色彩经过调整、组合后达到和谐和悦目的审美需求。

1. 色彩调和的相关理论

简而言之，色彩调和的相关理论是为解决不和谐的色彩配置而产生的，而衡量色彩效果是否和谐是由多方面因素决定的。人们还在不断总结、积累出一些色彩调和的一般性理论，用以指导产品设计色彩实践。

1) 自然色彩秩序论

自然色彩秩序论认为自然界自身的色彩调和是人类视觉色彩认知习惯和审美经验的根源。自然界一切景物色彩的色相、明暗、强弱、冷暖、灰艳等变化和相互关系都有一定的自然秩序和规律。如光线照射在一个物体上，必然会产生高光、亮部、明暗交界、暗部、反光、投影，因而物体色彩的明暗变化也是有秩序、有节奏的。在人造世界中，人都会不知不觉地用自然界的色彩秩序去制造、评判色彩设计及其优劣。因此，色彩的调和也要求各种色彩搭配必须建立一定秩序。而各个色立体的色相系列、明度系列、纯度系列就是对自然色彩调和后的高度概括，并按照一定秩序排列制作的。自然色彩秩序论是以客观自然界为基准的。

2) 互补色平衡论

互补色平衡论认为，从视觉生理学的角度上讲，互补色的搭配是色彩和谐布局的基础，遵守这种规则便会在视觉中建立一种精神性的平衡。如果当色彩搭配效果过分的模糊而缺少刺激时，那么互补色的选择将是十分有效的配色方法。巧妙运用互补色调和是提高艺术感染力的重要手段。人在心理上总是诉求某种事物的对立面以求得平衡，对于色彩而言，人的视觉心理也总是诉求与某种颜色相对应的补色来取得生理的补充平衡，如图2.33所示。

图2.33　王冠

3) 配色明快论

配色明快论认为，在视觉上既不过分刺激又不过分模糊的配色才是调和的。配色没有起伏的节奏，则平板单调，配色高昂强烈则嘈杂、反自然。总之，配色的调和取决于是否明快。过分刺激的配色容易使人产生视觉疲劳、精神紧张、烦躁不安；过分模糊的配色容易产生含糊、朦胧，以致分辨困难，同样也会导致人产生视觉疲劳、不满足、乏味、无趣。因此，变化与统一是配色的基本法则。变化中求统一，统一中求变化，各种色彩相辅相成才能取得完美配色。配色明快论是以主观感性需求为基准的。

4) 面积比例论

面积比例论认为，色彩的不同面积对比会产生不同的色彩视觉效果。前文已提及，配色的调和主要与色相、明度、纯度和面积有关。不同颜色的知觉度是不同的：若按照歌德纯色明度数比，如果用黄与紫两个纯色来构图的话，面积比是1:3；用红与绿两纯色来构图的话，面积比是1:1；孟赛尔认为色彩和谐的面积比同时与纯度有关，如红(R5／10)与青绿(BG5／5)同等的面积在色盘旋转中混合不会碍到明度5的灰，这显然是红的纯度高，而绿的纯度低，只有把红色纯度降低或红色面积减少为青绿色的一半，才能取得和谐。因此，配色中较强的色要缩小面积，较弱的色要扩大面积，这是色彩面积均衡的一般法则。当然，色彩的面积均衡取得是一种创造色彩静态美的方法。如果在色彩设计中使用了与和谐比例不同的配色方案，有意识地将一种色彩占支配地位，那么将取得各种富有感染力的配色效果。

5) 审美心理共鸣论

审美心理共鸣论认为，审美心理是一个非常复杂的体系，其中既有个体审美心理结构的诸多要素，又有社会审美心理经验的积淀；既有感性欣赏的心理体验，又有理性升华的审美愉悦；既有审美知觉引起的感性愉快，又有审美认识带来的审美快感。总之，能引

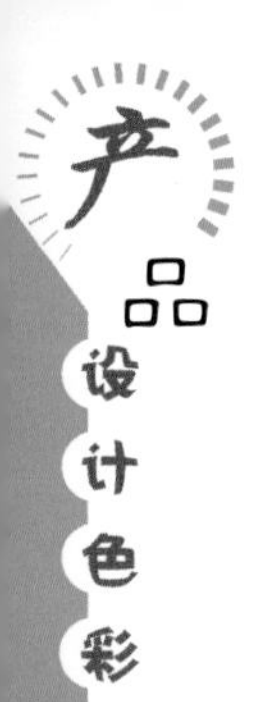

起审美主体审美心理共鸣的配色便是调和的。由于各个民族以及每个人的性别、年龄、心理、社会条件、自然环境等的不同，表现在气质、性格、爱好、兴趣以及风俗习惯等方面是不尽相同的，在色彩方面也各有偏爱。在各个时代、各个地区、各个时期，人们对色彩的审美要求、审美理想也是不一样的。不同的色彩配合能形成富丽华贵、热烈兴奋、欢乐喜悦、文静典雅、含蓄沉静、朴素大方等不同的情调。“共鸣”一词是从物理学上发声体引起频率相同物体的共振的概念中借用来的，色彩搭配的共鸣，是个体及个体之间一种情感活动中的群体精神现象，是普遍存在的。当配色反映的情趣与人的思想情绪发生共鸣时，也就是当色彩配合的形式结构与人的心理形式结构相对应时，人们将不由自主地感受到色彩的和谐与愉悦，并强烈地产生色彩装饰的动机和占有欲，如图2.34所示。因此，进行产品色彩设计必须研究和熟悉不同消费者的色彩喜好心理，根据情况而区别对待，做到有的放矢。

图2.34　戒指

6) 合目的论

合目的论认为，合目的性的配色是调和的。合目的性是指审美对象的形式适合人的主观认识规律从而引起审美的愉悦。色彩搭配时必须考虑到色彩设计的用途和目的。产品由于使用功能的区别，都对配色有特定的要求。如产品开关、交通信号、导向标志等的色彩要求醒目突出，对比强烈的异色相配是比较适用的；而用于工作场所的色彩一般应选用柔和明亮的配色，要避免使用过分刺激、容易导致视觉疲劳、降低工作效率的对比强烈的配色。

2. 色彩调和方法

1) 同一调和法

选择同一性很强的色彩组合，或增加对比色各方的同一性，是避免或削弱带尖锐刺激感的对比、取得色彩调和的基本方法，称之为同一调和法。它主要包括：非彩色同一调和，同色相、同纯度调和，同色相、同明度调和，同明度、同纯度调和，同色相调和，同明度调和，同纯度调和以及混入色调和等。如当两种色彩对比效果非常强烈时，将第三种颜料混入双方的色彩中，使双色都有这一色彩成分，其调和效果可以削弱视觉刺激，增强和谐感。而混合色无论是高明度色，还是低明度色，也无论是高纯度色还是低纯度色，无论用直接混合法，还是用空间混合法，只要能增加同一性，都可以得到增强调和的效果。这也说明，“同一”是色彩调和的本质。

2) 秩序调和法

秩序调和法也可称为对比调和法，其特点在于，有些颜色属性之间可能差别很大、在色立体上的位置相距很远，如果直接进行对比配置可能视觉效果过于刺激，但从局部而言，任何一组色彩关系几乎都是近似调和关系，因而使总效果具有一种渐变的、等差的、和谐而有秩序的调和效果。通过选择有秩序的色彩组合，或增强对比色秩序的方法，称为秩序调和法。许多色彩理论为人们提供了色彩调和的秩序依据，如奥斯特瓦尔德色彩调和理论与孟赛尔色彩调和理论等。

综上所述，色彩调和是产品设计色彩理论中相对比较复杂的知识体系，调和是指对比的恰如其分，这是产品设计色彩美学方面取得成功的重要原因之一。

单元训练和作业

【单元训练】

通过本章的学习，我们学会了产品设计色彩自然属性、产品设计色彩人工属性、产品设计色彩造型法则、产品设计色彩形式原理等产品设计色彩美学知识，同时还学会了与其相关的色彩法则和色彩理论。

自然色彩是产品色彩的源泉，对产品色彩的设计应用都是直接或间接地对自然色彩的模仿。除了颜色本身的模仿之外，自然色彩的应用也是产品色彩加以模仿的重点。

人工色彩主要是以人造为主的产品设计色彩，包括产品本身色彩和产品印刷色彩。人工色彩是产品的主控要素，是人们现代生活的时尚要素，最能反映产品设计的现代性、时尚性。

由于人与产品有着更为密切、直接、复杂的关系，所以产品设计色彩的配色不同于极其强调色彩诱目性的广告、包装的色彩配置，可以说产品设计色彩有着自身的一套配色原则及技法，掌握这些造型法则、学习这些法则对于产品设计师是非常重要的。

在产品造型艺术中，所有的造型语言可以概括为对比与调和两大原理。造型法则强调的是方法论，是过程，而产品设计色彩形式原理注重于思想论，是整体，它贯穿于产品设计始终。

以上产品中其色彩的应用均体现了产品设计色彩的美学方面知识。产品的色彩组合悦目调和，让人体验到美的享受，产品设计色彩也综合考虑产品本身的属性、人工属性、造型、形式、配色等特性，如图2.35所示。在思考上述问题的同时，分别为上述产品另外提出一套色彩方案(手稿即可)，并由老师组织就这三方面问题进行交流。

图2.35　产品的色彩

【思考题】

■ 如何理解产品设计色彩自然属性?

■ 如何理解产品设计色彩人工属性?

■ 如何理解产品设计色彩造型法则?

■ 如何理解产品设计色彩形式原理?

本章小结

运用本章所学的产品设计色彩知识，按照相关色彩理论进行产品设计，并根据具体的问题灵活加以运用，就会把产品设计色彩的美感塑造出来，使得产品的色彩美得到充分体现。因此，学会使用产品设计色彩的美与审美主题相关知识对产品设计进行处理，对当今的产品设计师而言是十分重要的。

第3章　产品设计色彩实现性

本章概述：

在产品设计中，材料是造型与色彩的载体，而色彩有烘托材料质感的作用，色彩与材料是相互依存、不可分割的关系。产品的色彩设计必须考虑产品材料的着色工艺，尽可能地提高质量、降低成本、减少污染；产品的色彩设计也只有依据色彩规律进行组织调和，使其产生适宜的明度对比、色相对比、面积效应、冷暖效应、科技感、时尚感等视觉设计的需要，才能突出和丰富材料的表现力。本章主要针对材料本色和着色技术两个内容作详细的阐述，通过本章的学习和今后的实践，使人们在应对设计任务时对材料的选择和着色能做出正确的判断。当然，作为一名工业设计师，掌握产品色彩实现技术，对于更好地把握色彩与材料的关系、提高产品工艺精度和完善设计细节是十分必要的。

训练要求和目标：

本章主要讲解产品设计色彩现实的材料和工艺方面的知识。

本章主要学习以下内容。

■ 产品常用材料的本色

■ 产品常用的着色技术

■ 产品设计色彩配色方法

■ 产品设计色彩配色原则

■ 产品设计色彩配色技法协调

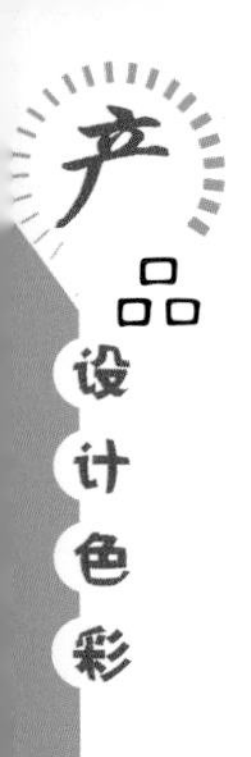

3.1 产品材料本色

天有时，地有气，材有美，工有巧，合此四者，然后可以为良。

——《周礼·考工记》

好的产品色彩设计应该尽可能地挖掘材料自身的色彩、纹理与质感，减少附加工艺，降低生产成本，提高产品回收利用率。设计师要尽可能多地了解不同材料的特性，做到“因材施色，物尽其用”，从而减少资源浪费，体现设计的价值。天然材料具有丰富的色彩、纹理与质感，是每位设计师灵感的源泉，所以在进行色彩实现技术学习之前，最先要了解的应是大自然带给人们怎样一个色彩设计与材料的宝库。

如图3.1所示的产品照片中可以看出，不同材质的产品表现出了不同的产品设计色彩的现实性。因此，本章主要学习产品常用的着色技术及产品设计色彩配色方法等知识。

图3.1　不同材质的产品

1. 石材之色

石材一般可分为三大类：第一类为火成岩，又称岩浆岩，由岩浆冷凝形成，如常见的花岗岩；第二类为沉积岩，旧称水成岩，由地质作用形成，砂岩就属此类；第三类为变质岩，是岩浆活动与地质构造运动共同作用的结果，大理岩是典型的变质岩。

各种宝石是石材中美丽而贵重的一类，它具有颜色鲜艳、质地晶莹、光泽灿烂、坚硬耐久、储量稀少的特性。人们日常所接触到的宝石多指用以制作首饰等用途的天然矿物晶体，如金刚石、红宝石、蓝宝石、祖母绿等；天然单矿物集合体，如玛瑙、欧泊等；还有有机质材料宝石，如琥珀、珍珠、珊瑚、煤精等。宝石材料一般具有独特的色彩质感与特殊的光学效应，是营造高层次视觉审美感受的关键。现代材料科学带给设计师更大的自由度，可以在成本允许的情况下，将宝石的独特的视觉特征赋予人造材料，带给产品更高的档次感与附加值，如图3.2所示。

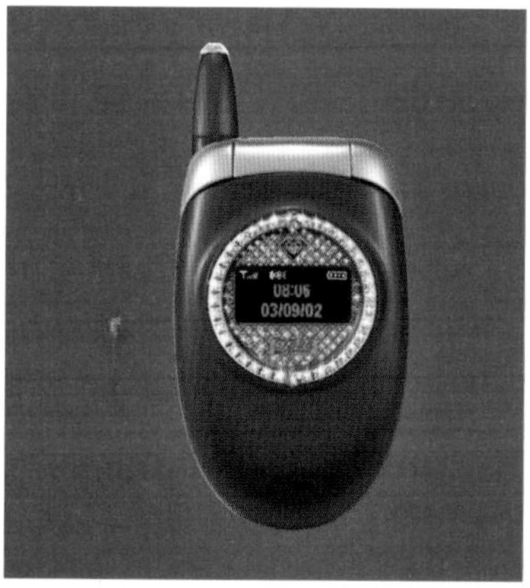

图3.2　TCL“钻石”手机

2. 木材之色

木材是人类日常生活中不可缺少的材料，木材作为天然可再生资源，其特点是蓄积量大、分布广、取材方便且易于加工成型。这种优秀的天然材料在新材料层出不穷的今天，依然以其优异的特性在设计材料中占据重要的位置。木材具有独特的色彩与花纹，能给人以淳朴、古雅、温暖、亲切之感，可谓是与人最亲近的材料之一。古往今来，大量的家具类产品，特别是东方文化中尤其善用木材的原色，营造出一种和谐的产品语境，如图3.3所示。

图3.3　韩熙载夜宴图中的中国传统木制家具

木材有很多种分类方法，如按材质可分为硬木与软木，按树叶的外观形状可分为针叶木与阔叶木。针叶木一般生长于高纬度地区，材型粗壮、纹理平直、密度均匀、木质较软，故也可归类于软木；阔叶木一般生长于低纬度地区，材型较短、材质较硬，故也可归类于硬木。常见的软木有红松、杉木、马尾松、红豆杉、白松、银杏、冷杉、铁杉、云南

松等；常见的硬木有毛白杨、白桦、紫椴、水曲柳、柞木、东北榆、麻栎、黄柏、枫树、楠木、柚木、紫檀、乌木等。

3. 金属之色

金属是现代产品设计中最重要的材料之一，它拥有无可比拟的坚固性、优秀的加工性能与标志性的光亮色泽，成为现代工业文明的象征。金属材料被广泛应用于各种产品类别之中，如交通工具、电子产品、家具、灯具、文具、首饰等。金属按其构成元素可分为黑色金属与有色金属，黑色金属包括铁和以铁为基体的合金，有色金属包括铁以外的金属及其合金。

3.2　产品着色技术

产品的色彩设计应用主要有两种类型：一种是美化材料原有色彩，提升材料审美价值的设计；而另一种则是赋予材料全新色彩，创造全新审美价值设计的现代着色技术就是为了满足后者而发展起来的，其出现与发展是符合审美多元化需要的。如今的设计师可以根据设计的需要赋予材料“理想的”色彩，创造全新的视觉感受。

对于同一产品色彩，不同的着色技术其成本、工艺、效果、环境污染程度不同，在对其进行选择的过程中，必须在满足工艺与外观要求的前提下，尽可能减少污染，减低资源浪费。所以，对于每一位产品设计师而言，尽可能多地了解各种材料的着色技术，对今后更好地进行色彩设计是尤为重要的。

3.2.1　陶瓷制品着色技术

图3.4　陶瓷产品范例

陶瓷的发展史是民族文明工艺美术史的一个重要组成部分，陶瓷艺术是水、火与土凝结的艺术。陶瓷艺术的前身——陶器是人类早期文明发展的标志，它是人类第一次对自然材料的再加工。对陶器的描画与烧制开创了色彩设计的先河。如图3.4所示的是常见的陶瓷产品。

通常所说的陶瓷主要是指陶器、瓷器与炻器(亦称原始瓷器，性能介于陶与瓷之间的一种陶瓷制品)的总称。它们是以黏土及其他天然矿物原料经粉碎、成型、焙烧等过程而制得的。普通陶瓷是利用天然硅酸盐矿物(如黏土、长石、石英等)为原料，也称传统陶瓷。利用纯度高的人工合成原料(如氧化物、硅化物、硼化物、氟化物等)，用传统陶瓷工艺方法制造的新型陶瓷则被称为特种陶瓷。

常见的陶瓷色彩工艺有釉彩、釉下彩绘、釉上彩绘、饰金、表面改性、唐三彩、搪瓷和景泰蓝等。

1. 釉彩

釉彩是对陶瓷表面进行艺术加工的重要工艺形式。釉是指附于陶瓷坯体表面的玻璃质层，釉可认为是玻璃体，它具有均质玻璃体所具有的一般性质，如各向同性、无固定熔点、光泽、透明等。陶瓷施釉的目的在于改善坯体的表面性能并提高其机械强度。釉层保护了画面，防止彩釉中有毒元素的溶出。

2. 釉下彩绘、釉上彩绘

釉下彩绘是在生坯(或素烧釉坯)上进行彩绘，然后涂上一层透明釉，再经烧制而成的一种工艺。我国釉下彩绘基本上是手工完成的，也有采用先印戳画面轮廓线，然后再进行填色的方法，覆盖画面的釉料应选用透明釉或半透明釉。青花、釉里红以及釉下五彩是我国著名的釉下彩绘制品。釉下彩绘的画面与色彩远不如釉上彩绘那么丰富多彩，并且难以实现机械化生产，所以它的应用在时下不是很广泛。

釉上彩属二次烧制，是在烧结的白釉瓷器上进行彩绘，再入炉在不高的温度下(600～900℃)彩烧而成的一种工艺。釉上彩绘的彩烧温度低，许多陶瓷颜料都可采用，所以彩绘色彩十分丰富。此外，釉上彩绘是在强度高的陶瓷面上进行的，因此除手工绘画外，其他绘画装饰方法都可采用，上产效率高、成本低。目前广泛采用的釉上贴花、刷花、喷花以及堆金等工艺可认为是对新彩的继承与发展。

3. 饰金

饰金是指使用金进行陶瓷表面装饰的工艺，仅限于一些高级陶瓷制品。饰金的方法有亮金、磨光金及腐蚀金等。亮金是指使金水在适当的温度下彩烧后获得发光的金膜层的工艺。使用金水装饰很方便，可直接用毛笔涂绘，金水在30秒钟内便凝结成褐色亮膜，经彩烧后褐色亮膜被还原成发亮的金膜层。磨光金与亮金不同之处在于前者经彩烧后金属无光泽，必须经抛光后才能获得发亮的金层。

4. 表面改性

表面改性是指通过一定的途径，改变陶瓷表面层的化学组成、微观结构、表面形貌、

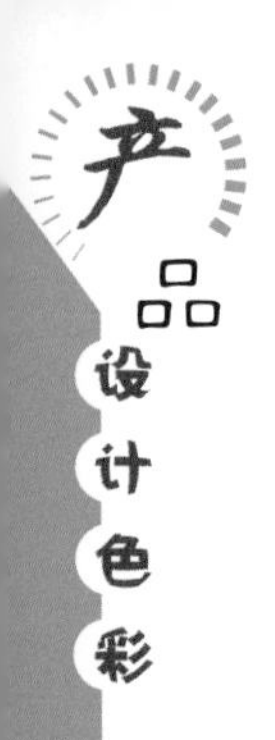

应力状态等，使陶瓷材料的表面性能发生改变的工艺过程。通过表面改性，可以使陶瓷表面得到强化和增韧，并可以赋予陶瓷表面新的功能。

5. 唐三彩

唐三彩是唐代彩色铅釉陶的简称，始创于唐高宗时期，开元为极盛期，天宝以后数量逐渐减少。精致的唐三彩陶器大多出土于西安和洛阳唐墓中。它是用白色黏土做胎，以含铜、铁、钴、锰等金属元素的矿物作铅釉的着色剂。其色彩不限于三色，一般有黄、绿、白、蓝、紫等多种颜色，但以黄、绿、白为主。

6. 搪瓷和景泰蓝

搪瓷制品具有坚固性和耐蚀性，并具有优美的装饰性，现今已广泛用作厨房用品、医疗用容器、化工装置和装饰品等。景泰蓝是指以金、银、铂、铜等贵金属为造型坯体，涂覆以彩色瓷釉烧制而成的艺术搪瓷，是中国工艺美术的瑰宝之一。景泰蓝工艺创始于明朝宣德年间，到景泰年间已广泛流行，由于其蓝色釉最为出色，故称为景泰蓝。

3.2.2 玻璃制品着色技术

玻璃是人们十分熟悉的材料之一，广泛应用于建筑、装饰、家具、广告包装、艺术工艺品等领域，从图3.5中人们可以充分地感受到玻璃所具有的材质美。

图3.5 玻璃应用范例

玻璃的着色工艺主要有：丝网印刷、蚀刻丝印、冰花丝印、蒙砂丝印、丝印离子交换着色、消光丝印等。

1. 玻璃的丝网印刷

玻璃丝网印刷，就是利用丝网印版，使用玻璃釉料，在玻璃制品上进行装饰性印刷的工艺。玻璃釉料也称玻璃油墨、玻璃印料，它是由着色料、连接料混合搅拌而成的糊状印料。着色料由无机颜料、低熔点助熔剂(铅玻璃粉)组成；连接料在玻璃丝印行业中俗称为利板油。印刷后的玻璃制品，要放入火炉，以520～600℃的温度进行烧制，印刷到玻璃表面上的釉料才能固结在玻璃上，形成绚丽多彩的装饰图案。

2. 玻璃制品的蚀刻丝印

玻璃制品的蚀刻装饰是在玻璃表面涂热蜡层及其他增固材料形成抗蚀膜，再在涂层上用针、小刀等刻出图案纹样，露出玻璃表面，然后在此部位上涂氟氢酸进行腐蚀。蚀刻丝印工艺使玻璃制品的蚀刻装饰变得简便、省时、省力，此工艺有热印及冷印两种方法。

热印是将石蜡、沥青、硬脂酸等所配制的黏合剂，加入少量的抗蚀粉调制成抗蚀印料，通过热印丝版，按设计图样，把印料刮印至玻璃表面，形成抗蚀膜。抗蚀膜上露出玻璃的部分，即是需要蚀刻的图案。蚀刻采用氯氟酸进行，蚀刻后要用开水冲洗掉印在玻璃上的抗蚀层，热印适用于二方连续、四方连续图案纹样的蚀刻。

玻璃丝印蚀刻也可以采用冷印方法。抗蚀印料可使用特制的沥青漆加抗蚀粉，也可购买市面销售的抗依油墨。印刷完成后，待抗蚀膜完全干燥，便可进行氢氟酸腐蚀了，冷印适用于单独纹样的蚀刻。

3. 玻璃的冰花丝印

冰花俗称橘皮纹，它实际上是非常细小的低熔点玻璃颗粒。这种细小的玻璃颗粒含铅成分较高，有彩色和无色两种。冰花丝印装饰素雅大方，多用于建筑玻璃和工艺美术玻璃，如高级玻璃器皿、灯具等的装饰。冰花丝印工艺过程是：先在玻璃表层丝印有色或无色的玻璃熔剂层(助熔剂)，然后再将冰花玻璃颗粒撒在这层玻璃熔剂层上，通过500～590℃的烧结，使玻璃表面的熔剂层和冰花颗粒共熔而产生浮雕效果。

4. 玻璃的蒙砂丝印

蒙砂是在制品玻璃上，黏附一定大小面积的玻璃色釉粉，经过580～600℃的高温烘烤，使玻璃色釉层熔化在玻璃表面，并显示出具有与玻璃主体不同颜色的一种装饰方法。玻璃色釉粉可用排笔涂刷，亦可用胶辊滚涂。通过丝印加工，可以得到蒙砂面的镂空图案。烘烤后透明的镂空图案便透过半透明的砂面而显现出来，形成一种特殊的装饰效果。

5. 玻璃的丝印离子交换着色

离子交换着色是指通过银与玻璃中的钠离子交换，使其还原变成金属胶质，得到着色玻璃的工艺过程。在透明玻璃板上用含有银离子的油墨进行丝网印刷，烧成洗净后，只有印刷部分由黄色变成褐色。由于着色部分与无色部分没有反射差，所以就如同将玻璃熔融着色一样，非常自然。

6. 玻璃表面的消光丝印

消光丝印是指用丝网印刷的方式将表面消光油墨汁印在钠钙玻璃上，而后进行水洗，

得到宛如茶色玻璃的工艺过程。这种油墨不含强酸，操作较简单，其消光效果与蚀刻有异曲同工之妙。

3.2.3 木材制品着色技术

木材虽然具有优良的色泽与花纹，但是由于其取材于自然环境，免不了带有一些天然缺陷，如节疤、裂纹、污迹等，为了使其满足现代设计的需要，利用木材着色工艺美化其外观，掩盖瑕疵是十分必要的。常用木材色彩工艺有涂饰、覆贴、化学镀、丝网印刷等。

1. 涂饰

使用一定的施工作业方法将涂料涂覆于木材表面的过程叫涂饰。涂料在实际生产中统称漆，是木材表面涂覆各种材料的简称。涂饰的主要作用是装饰，而且还有保护木制品表面不受空气、水分、阳光及其他物质的侵蚀，从而起到不变质、不变形、提高光亮度和手感度的作用。

木材的涂饰按是否掩盖木材纹理分为“清水”与“浑水”两大类。“清水”是指在木材表面形成一层透明涂料，保存其天然的纹理，并使其格外清晰鲜明；“浑水”则指选用含有颜料的不透明涂料，在木材表面形成一层不透明涂膜，“浑水”又分“露底”和“不露底”两种。

1) 透明涂饰(清水)

透明涂饰是使用各种清漆涂饰木材表面，经过涂饰后不会改变木材原有的天然纹理与颜色，可使木材的纹理更加明显，木质感更强，木质颜色更加鲜明悦目。其工艺过程可因目的的不同或木材品种的不同，大体分为几个阶段，包括木材表面清洁、漂白或蒸汽熏蒸、涂饰和漆膜修整等。

(1) 表面清洁处理：涂饰木制品表面必须清洁干净、光滑不粗糙，所有木材表面的脏污，如油脂、胶迹、灰尘、木屑等，以及木材的内含物如树脂、色素等都要去除干净。

(2) 漂白：漂白是将深色木材变成浅色，从而提高木材固有色的明度，提高装饰效果。漂白可以除去木材的不均匀颜色及由其他原因所引起的污斑，还能防止同一产品涂饰效果不一现象的发生。在木制产品需要作浅色的透明涂饰，又要使漆膜颜色统一时，就需要进行漂白。漂白的方法有水漂和干漂。

2) 不透明涂饰(浑水)

不透明涂饰是指用含有颜料的不透明涂料(如磁漆、调和漆等)涂饰木材表面，涂饰后的涂层完全遮盖了木材原来的纹理和颜色。因此，不透明涂饰多用于纹理和颜色较差的散孔材或针叶材制成的木制产品。不透明涂饰的工艺过程大体分为表面处理、涂饰和漆膜修整3个阶段。

木制品涂饰色彩质量的好坏，不仅取决于涂料的质量，而且与色彩涂饰方法和设备有直接关系。木制产品色彩涂饰常用的涂饰工艺方法有刷涂、浸涂、辊涂、喷涂、淋涂等。

(1) 刷涂：它是使用各种刷子蘸漆，在制品或零部件表面涂刷以形成漆膜的方法。此法工具简单，使用方便，不损失涂料，可以涂饰任何形状和尺寸的产品，适应性强，应用普遍。目前，我国木质产品的油漆涂饰一部分仍以刷涂为主。

(2) 浸涂：浸涂法常用于涂饰大批曲线形的零件，浸涂时先把待涂饰的零件浸入涂料槽，然后提出并停留一段时间，使多余的涂料在自重的作用下从被涂饰零件表面上流下，之后将零件送往干燥间干燥。浸涂工艺简单，易实现机械化与自动化，生产效率高，涂料损失少。

木制产品制件或人造板，表面原来就不平整，涂饰在表面上的涂层自然也不会平整。即使是平整的基材，若是用一些流展性差的涂料，涂在其表面上也会使涂层不平滑。此外，涂饰时技术掌握不好，也会造成涂层的粗糙不平。因此，想要获得装饰质量很高的漆膜表面，必须及时对可能产生漆膜的各种粗糙不平的因素进行预防，消除一些外在的因素。

2. 覆贴

由于拥有优美花纹色彩的木材一般价格较贵，所以人们开发出了利用覆贴技术增加外观装饰效果，满足消费者对高档木材原色的使用要求和审美要求的方法。覆贴是指将面饰材料通过黏合剂粘贴在木制品表面而成一体的一种装饰方法。常用的覆贴材料主要有PVC膜、人造革、木纹纸、薄木等。

3. 化学镀

化学镀是指在没有外加电流的条件下，利用处于同一溶液中的金属盐和还原剂可在具有催化活性的基体表面上进行自催化氧化还原反应的原理，在基体表面形成金属或合金镀层的一种表面处理技术，亦称为不通电镀或自催化镀。木材主要是镀铜或金。

4. 丝网印刷

为了对木制品表面进行装饰，有时需要用印刷的方法将各种色彩图案印于产品的表面上。对木制品表面印刷的方法有丝网印、热转印、移印、胶印等。原理同织物丝网印刷相仿，此处不加详述。

3.2.4 塑料制品着色技术

塑料是以高分子合成树脂为主要成分的、具有良好的可塑性的有机材料，如图3.6所

示。由于塑料的组成中有色料的存在，所以塑料具有无限着色性，这是许多塑料制品吸引人的一个重要因素。

图3.6　塑料应用产品范例

塑料的性能特征主要是由其所含聚合物决定的，因此各类塑料的名称是用其中所含主要聚合物的名称来定义的，如聚乙烯塑料(Polyethylene)。为了方便说写，习惯上常以聚合物英文名称的缩写表示每一种塑料。

塑料产品的常用着色工艺有整体着色、喷油、丝印、移印、热转印、电镀六大类。

1. 整体着色

整体着色是最为常用的塑料着色工艺，一般是在成型加工前，以色料的形式将染料或颜料通过熔融加入混合料中，使色彩均匀分布于成品的一种着色工艺。这种工艺适应性广、成本低、耐磨损。常用的整体着色工艺有干法着色、糊状着色剂(色浆)着色、色粒着色、色母粒着色等，这里主要介绍干法着色。

干法着色是指把粉状着色剂和助剂按配方比例准确计量后，加入到按配方计量的塑料中，在有适当的助染剂(如白油、松节油)的存在下，使它们均匀混合，然后将混合物直接送入成型设备进行注塑或挤出加工，从而得到有色塑料制品的方法。

2. 喷油

喷油按设备工艺可分为空气喷油、高压无气喷油及静电喷油。空气喷油是靠压缩空气气流使油漆出口产生负压，油漆自动流出，并在压缩空气气流的冲击混合下被充分雾化，漆雾在气流的推动下射向塑胶件表面并沉积在塑料件表面的处理方法。喷油设备简单，操作灵活，使用范围广。

3. 丝印

塑料产品的丝网印刷技术与之前介绍的织物与木材的丝网印刷技术相似，此处不作阐述。

4. 移印

移印是将所需要的图案晒成底片，再通过底片将图案蚀刻到钢板上，通过移印胶头将制作在钢板上的图案及文字转印到塑料件表面的一种处理方法。移印主要靠移印机完成，移印机由机身、油漆盒(即钢板安装盒)、往复式移动刮漆刀、往复式移动胶头座、底模及控制部分组成，如图3.7所示。

5. 热转印

热转印工艺在之前的织物色彩工艺中已经详细介绍过，此处不再阐述。

6. 电镀

1) 真空电镀

真空电镀是指在真空条件下将金属或金属化合物的镀膜材料沉积到塑料零件表面的一种电镀工艺。真空电镀的主要设备有清洗机、水帘框、染色槽和真空机。真空电镀的特点是外观效果较好，较光亮，但成本较高，环境污染较严重，需进行环保处理；若控制不当，电镀表面易产生麻点。

2) 水电镀

水电镀是指在水溶液中通过外加电源，使电流通过经过化学镀处理后的塑料零件，在阴极(塑料件)表面还原金属的一种电镀工艺方法。水电镀的特点是镀件表面光亮，外观效果好，如图3.8所示，但成本高，环境污染严重，电镀液需进行环保处理。

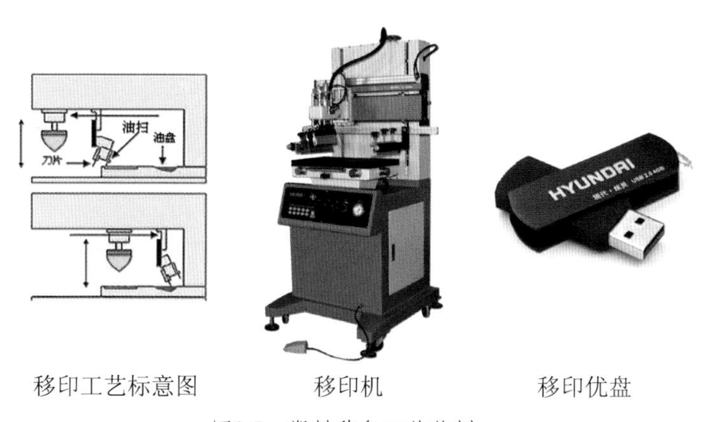

移印工艺标意图　　移印机　　移印优盘

图3.7　塑料移印工艺范例

图3.8　塑料电镀工艺范例

3.2.5 金属制品着色技术

金属材料制品常用的色彩工艺有涂装、电镀、氧化着色等。

1. 涂装

一般涂装工艺在木材着色工艺已经涉及，此处不加详述。此处要介绍区别于一般涂装工艺的粉末涂装。粉末涂饰由于其形态不同于液态油漆，故采取专用的涂装方法和设备来施工，像粉末静电喷涂、流化床涂覆、静电流化床涂覆等。它们使粉末粒子靠静电引力或熔融黏附而涂于物体表面，在烘烤时，经过熔融、润湿、流平和化学固化形成完整涂层。粉末涂料分热塑性和热固性两大类。粉末涂料还有闪光(珠光)、锤纹、浮雕花纹(橘纹)、龟纹、冰花纹等多种美术涂饰品种。

2. 电镀

电镀就是利用电解原理在某些金属表面上镀上一薄层其他金属或合金的过程。电镀时，镀层金属做阳极，被氧化成阳离子进入电镀液，待镀的金属制品做阴极，镀层金属的阳离子在金属表面被还原形成镀层。电镀能增强金属的抗腐蚀性(镀层金属多采用耐腐蚀的金属)，增加硬度，防止磨耗，提高导电性、润滑性、耐热性和表面美观。

3. 氧化着色

随着消费者对产品品质及品位要求的不断提高，产品的设计、生产开始改变由钢材“一统天下”的局面，铝合金材料及其他高档金属开始部分取代钢材，从而形成金属材料多元化的现状。由于许多金属都有表面生成较稳定氧化膜的特点，所以可以使用氧化法为金属着色。常用的着色工艺方法有下列几种。

(1) 化学法：把工件浸入溶液，或用溶液喷涂或揩擦于工件表面，使金属表面生成相应的氧化物、硫化物等有特征颜色的化合物而着色。

(2) 处理法：把工件置于空气介质或其他环境中加热至一定温度并保温一定时间，金属表面形成具有适当结构和外表的有色氧化膜。

(3) 置换法：把工件浸入在电位序中比该金属电位较后的金属溶液中，引起化学置换反应，使溶液中的金属离子置换并沉积在工件表面形成一层膜层，该膜层的色泽和金属特征取决于置换膜层的结构和形式。

(4) 电解法：把工件置于一定的溶液中进行电解处理，使之着色。这些着色方法比较成熟的主要有不锈钢的电解着色、化学着色、熔融盐着色，铝的电解着色，铜和铜合金化学着黑色、仿金色。

3.3 产品设计色彩配色方法

1. 单色配色技法

单色配色指的是只用一种颜色的配色方法。在产品的色彩设计中，该方法主要用于较简单的产品，如文具、厨房用品、家具、灯具等制造工艺非常简单的产品，如图3.9所示。该类产品往往一次性注塑成型，比较经济，而且通过不同颜色的变化，易形成系列化产品。另外，可以用不同的纹理处理来丰富产品的类型。

图3.9　单色灯具

2. 色相配色技法(两色及两色以上)

色相配色可以借助色相环进行配色设计。以某一主色为基准，分别向顺时针或逆时针方向旋转划分不同区域，从而确定色相搭配的种类。色相配色主要包括同类色配色、邻近色配色、对比色配色、互补色配色、以及无彩色和有彩色配色等。

1) 同类色相配色

同类色配色是单一色相内的色彩搭配。这是一种较单纯和规律性强的配色方法，主要通过改变同一色相的明度和纯度，形成色彩搭配的层次感和秩序性。同类色配色是简单又安全的配色方法，配色效果较为单纯、柔和、高雅、和谐，很容易取得整体感，初级设计师比较容易把握。同类色相配色中，当色彩明度和纯度相差较大时，配色分明而具有条理；当明度和纯度相差较小时，配色层次细密，略显含混，容易造成单调和缺乏生动的效果。为了弥补这种配色效果的不足，可适当加强明度差和纯度差的对比，制造深、浅、明、

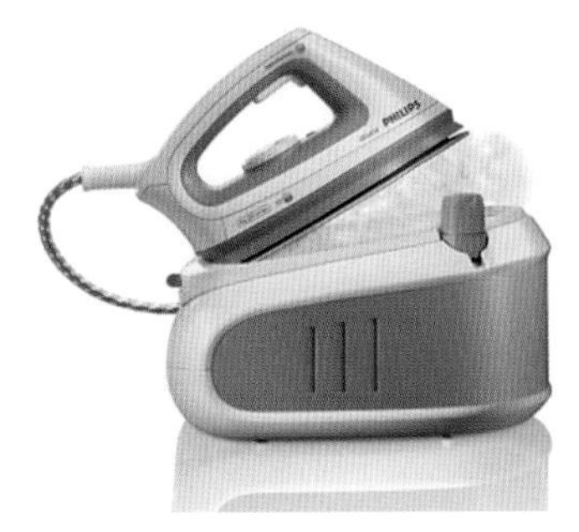
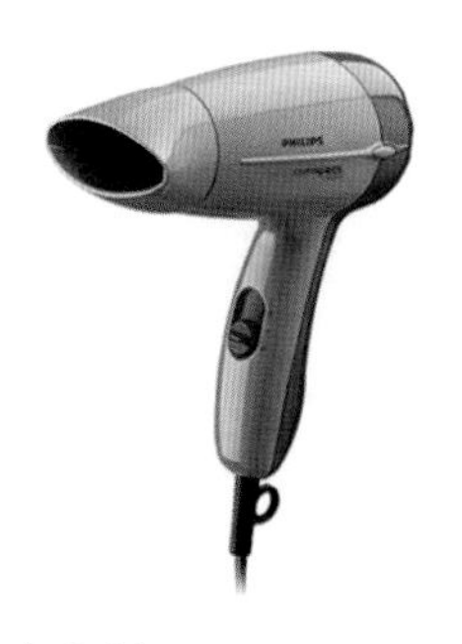

图3.10　同类色相配色实例

暗的变化，如图3.10所示。

2) 邻近色相配色

邻近色配色是同一色系内的色彩搭配，即在色相环上间隔约60°的色相间的配色方法。由于这种配色具有共同的色彩元素，因此比较容易达到调和的目的，如红、紫红、紫具有共同的色彩元素是红，黄、橙黄、黄绿的共同色彩元素是黄。共同的色彩元素强化了多种搭配色彩之间的类似性，配色效果鲜明、丰富和活泼，既弥补了同类色的不足，又具有和谐、浪漫、雅致与明快的感觉，如图3.11所示。

3) 对比色相配色

对比色配色是在色相环上间隔约130°的配色。对比色的配色效果强烈、鲜明、华丽，如果多个纯度高的色彩搭配在一起，会让人感到炫目和刺眼，造成视觉及精神的疲劳。对比色配色具有很强的对比力量，有时会产生杂乱感和倾向性不强，因此，色彩要有主次之分，用改变纯度和明度的方法突出强调主体色彩，约束和限制起辅助作用的色彩，如图3.12所示。

4) 互补色相配色

互补色配色是位于色相环直径两端呈180°相互对应的色彩搭配。互补色配色比对比色配色更加完整、丰富，更富刺激性。配色效果饱满、活泼、刺激、鲜艳夺目。设计中应遵循互让的配色技巧，改变色相的明度和纯度，达到相互生辉、生动艳丽的最佳配色效果，如图3.13所示。

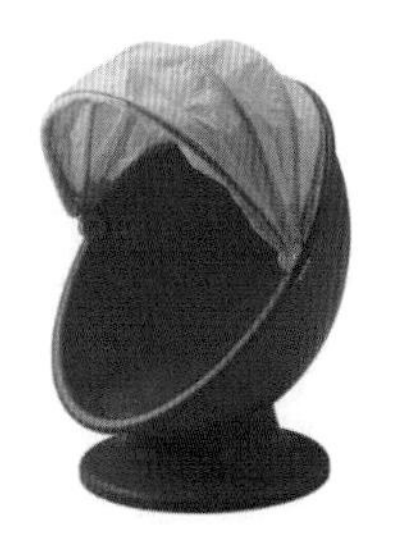
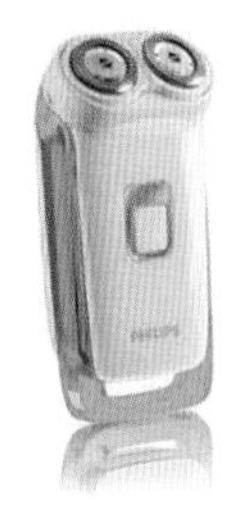

图3.11　邻近色相配色实例

图3.12　对比色相配色实例

图3.13　互补色相配色实例

5) 无彩色和有彩色配色

由于无彩色具有诱导色彩残像的作用，一方面说明无彩色是种中性色，另一方面则说明了无彩色有随形赋影、随色赋彩的"万灵"效果，因此有彩色与无彩色的调和便形成了绝对性的依存关系，在现实生活中十分常用。

无彩色(黑、白、灰)没有纯度机能，因此缺乏强烈的色彩个性，在色彩的结构中，最容易起到副色或衬色的作用，无彩色跟任何一种或一组色彩都很容易调和。另外，无彩色还有一个缓和作用，可用作颜色与颜色间隔中的缓冲色，解决其不协调的问题。

(1) 无彩色之间的配色。黑、白、灰(银)之间因无色相、纯度之分，仅存在明度上的差别，因而两色并置，容易调和。该类配色方法多用于科技产品、家电产品等，如图3.14所示。

(2) 无彩色与有彩色的配色。黑、白、灰(银)与所有有彩色并置，也都相对容易调和。在产品的色彩设计中，该类调和是运用最多的一种配色方式，如图3.15所示。

图3.14　无彩色配色的音响

图3.15　橙色与黑色配色的实例

3. 明度配色技法(两色及两色以上)

上面所提及的是基于色彩色相上的配色技法，仅凭借这种方法很难满足多样化的产品色彩设计需求，况且色相配色技法有很多缺陷。因此，有时候还得依靠其他方式，如明度变化、纯度变化、面积变化等，才能扭转这些缺陷所造成的不调和感。因此，明度对产品色彩的配色来说是非常重要的。

明度配色包括色调和明度差两个方面。

一方面，可以把明度分为9个阶段，最暗的前3个阶段N1～N3范围内称为暗色调，呈现严肃、稳重、安定的特质；明度在N4～N6范围内称为中间色调，呈现古典、端庄、豪华、高雅的特质；明度在N7～N9范围内称为浅色调，呈现轻快、愉悦、爽朗的特质，如图3.16所示。

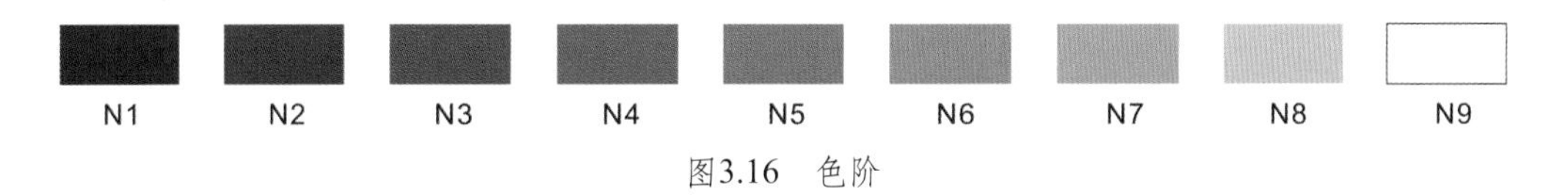

图3.16　色阶

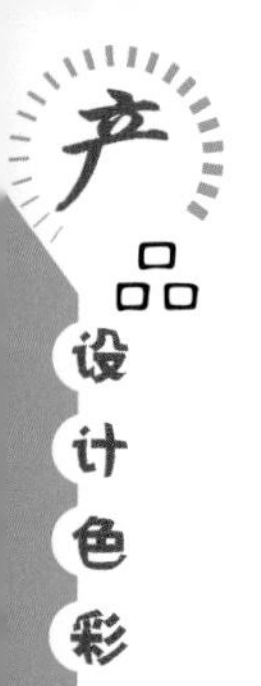

另一方面，明度差是指明与暗的差距比例，主要有长调明度、中调明度和低调明度3种类型。明度差别大为长调明度，具有明亮、轻快的效果；明度差别中等为中调明度，具有生动、活泼的效果；明度差别小为低调明度，具有柔和的效果。

在产品配色时，工业设计师可以通过以下几个技法进行配色：明度差与色相差应在配色时成反比关系，当明度差小时，把色相差拉大，才能达到活泼、悦目的效果；明度差与纯度差应在配色时成反比关系，当明度差小时，安排色彩时把纯度差拉大，才能达到均衡、协调的视觉效果；而明度差与面积差应在配色时成正比关系，当明度差大时，安排配色的面积大小差度也要拉大，明度差小时，安排配色的面积差度宜拉小，以达协调的视觉效果。

4. 纯度配色技法(两色及两色以上)

在一般艺术作品中，纯度的功能在于决定画面吸引力的大小，以及主题色彩的强调、衬景色彩的微弱等配色因素。纯度越高，色彩越显鲜艳、活泼、炫目、引人注意，独立性及冲突性越强；纯度越低，色彩越显朴素、典雅、安静、温和，独立性及冲突性越弱。

纯度配色由于不像明度阶配色那么易于分辨及明显，因此它一般只有3种情况：高纯度配色，引人注目，易产生视觉兴趣，增强产品的艳丽、生动、活泼等形态情感倾向，但是当纯度对比过强时，会出现生硬、杂乱、刺激等问题，易使视觉疲劳；中等纯度的配色，具有柔美感；低纯度配色含蓄、柔和，但当纯度配色不足时，会出现配色的脏、灰、单调、含混，注目程度低等不足。纯度高、明度低的产品配色有沉重、稳定和坚固感，常被称为硬配色；纯度低、明度高的配色有柔和、含混感，被称为软配色。

5. 多色配色

前文已提及，工业产品配色一般以2～3种颜色比较适宜，但也有一些产品则采用4色以上的颜色。在该类配色中大多有个主色调，其他颜色所占面积较小，起到点缀的作用。

6. 半透明色的配色技法

自苹果计算机公司在1997年推出了具有全新理念的苹果iMac计算机，半透明色以其独特的色彩效果大量运用在各类产品中，如图3.17所示。由于半透明色可以相对减弱高纯度色彩带来的刺激性，而且具有清爽、明快的色彩视觉效果，所以在产品配色上比较容易和其他色彩调和。

图3.17　苹果iMac计算机的色彩效果

7. 修整配色技法

当通过前面所介绍的配色技法进行配色后，如果还存在不调和的视觉感受时，可以通过下列的修整配色方法进行修改。

(1) 当几种色彩对比过于强烈时，可以同时改变这些色彩的明度或纯度来取得调和。

(2) 当几种色彩对比过于强烈时，改变这些色彩的面积尺度比来达到调和。

(3) 当几种色彩对比过于强烈或过于单调时，加入缓冲带来削减色彩的对比或丰富色彩。

(4) 改变材质纹理或花纹，来丰富产品的色彩效果。特别针对一些色彩较单一的产品，改变材质纹理或花纹，往往能使产品具有更强的个性。

(5) 当色彩过于单调时，可通过细节进行色彩点缀，如用添加商标、改变按键等一些细小部位色彩的手段，来丰富产品的色彩效果，起到画龙点睛的作用。

3.4　产品设计色彩配色原则

产品色彩设计是在综合分析产品各种功能因素的基础上，给产品制定一个合适的色彩配置方案，使产品具有更合理、更完美的造型效果。

1. 配色的色调

产品具有的色调应是一个设计时统一考虑的整体，即产品色彩应具有总特征、总倾向。一般是根据产品的功能、作业环境、材料工艺、用户要求以及色彩的功能作用等进行选定的。现代产品的色彩以2～3色为佳，一般处理成上阴下暗、上轻下重，或者在中部施以与主色调明度差别较大的浅色或深色，以形成对比，可取得生动的色彩效果。产品色调的形成通常是由面积上占绝对优势的主调色确定的，主调色即支配和统一全局的色彩。一旦主调色选定后，其余色彩必须围绕这个主调色进行配置，以形成统一、调和的色调。

2. 配色的生理和心理需求

图3.18　降低色彩的纯度来达到视觉心理平衡

产品配色只有在视觉生理和心理取得平衡的基础上，才可能出现配色的和谐统一。产品配色时，若色彩的明度、纯度过高，色相对比强烈，就会刺激眼睛，感到视觉疲劳，同时心理上也会感到烦躁不安。若适当地降低色彩的纯度、明度或减小色相对比，可取得和谐的效果，使视觉生理和心理达到平衡，如图3.18所示。

3. 配色的视认性与诱目性

色彩的视认性指的是在底色(又叫地色)上图形色彩的可辨认程度，即颜色在使用中是否可以让人看清楚。实验证明，视认性与照明情况及图形与底色色相、纯度、明度的差别，图形的大小和复杂程度，观察图形的距离等因素有关，其中以图形与底色的明度差对视认性的影响最大。

配色的视认性，对产品使用操作的效率影响很大。良好的视认性，能提高操作的准确性和效率；较差的视认性，使用时易出差错，降低工作效率。因此，良好的视认性对于应急的按钮、开关、操作件、刻度表盘件、面板控制显示件的色彩设计显得相当重要。

白色背景上视认性高低的色彩顺序为：紫色→青紫→蓝色→青绿→红色→红紫→黄绿→橙色→黄色→黄橙；黑色背景上视认性高低的色彩顺序为：黄色→黄橙→黄绿→橙色→红色→红紫→绿色→青绿→蓝色青紫→紫色。

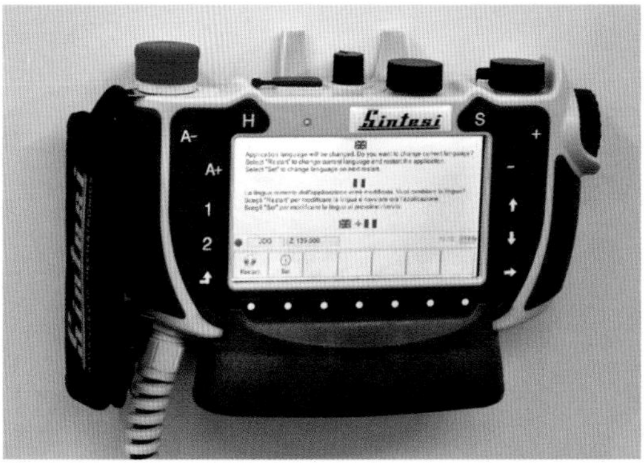

4. 配色的重点

图3.19　左上的开关旋钮的色彩强调

所谓配色的重点，就是在配色时所要强调的部分。通过给产品或产品的某个部分涂色，使其突出于背景或其他部位，形成吸引人的中心，以打破整体色调的单调和僵化，使产品整体产生活跃感。一般可以通过采用能与其周围环境产生明显对比的强烈、鲜艳的色彩来取得该效果。产品的配色重点部位包括：主要的功能部位，重要的开关、手把、手轮、旋钮等，如图3.19所示。

5. 配色与材质肌理

每一件产品都是由一定的材料组成，产品的色彩必定通过一定的材料肌理体现出来，而不同的材料和加工方法所产生的色彩效果有所不同。在配色时，可以通过恰当安排产品表面材质肌理关系，使配色更加丰富美观，如图3.20所示。

图3.20　木材和金属的肌理效果

3.5　产品设计色彩配色技法协调

配色美的标准要受到各种审美因素的影响，而这些因素也是不断变化的。人在不同环境、不同心理等不同需求的条件下，色彩经过设计能与之相统一，进而产生不同的色彩配色标准，也可理解为视觉心理满足的配色标准。为了使色彩设计者与接受者多方面的互相沟通，在设计时必须注意：色彩与形象的统一、色彩与构图的统一、色彩与内容(功能)的统一等方面。

1. 色彩与形象的统一

当用色彩表现具体的形象时，要求色调与人对形象的色彩印象相符，如果不相符，在视觉心理上就会感到不协调。形象的各部分色彩也要使人感到形象的完整与和谐。凡有相当真实感的形象，往往存在着多种色彩的序列及同一序列的反复。

对于抽象几何形象，即使不要求有真实感的形象，也要求色调的恰如其分、形象完整及形与色的和谐，如前所述，伊顿提出的形状与色彩的关系。

2. 色彩与构图的统一

构图又称经营位置或色彩的配置，色彩不可能脱离构图，构图本身就是一种造型表现形式，要求具有形式的美、比例的同一与变化、主次的条理与节奏等。若产品设计以色彩决定表现力，应从色彩设计着手延伸至造型与产品结构；而强调造型的话，则应根据形态与结构决定色彩的配置。

3. 色彩与内容(功能)的统一

对于产品设计，产品都有自身的物质功能，完成不同的功能效用，因而功能是产品的主体内容，色彩设计与产品功能二者不可分离。在对产品进行配色时，必须首先考虑色彩与产品功能特点要求的统一，使人们加深对产品物质功能的理解，以便有利于产品物质功能的发挥并取得良好的效果。不同的产品功能对产品的配色有不同的要求，如有些产品功能要求外观色彩有清洁感；有些产品要求色彩有稳定安全感；有些要求色彩有豪华感，而有些却要求配色朴素。

单元训练和作业

【单元训练】

图3.21　各种产品

观察如图3.21所示的产品设计色彩，分析产品色彩在产品材料和工艺上的表现特点，同时深刻体会设计中所运用的配色原则和配色方法，并撰写1000字左右的产品设计色彩调查报告。

【思考题】

- 如何进行产品设计色彩的配色，其主要方法是什么？
- 产品设计色彩配色原则有哪些？
- 如何进行产品设计色彩的配色？

本章小结

本章主要讲解产品设计色彩实现所需要的材料和工艺知识，以及产品配色的基本原理、方法和原则。通过本章的学习，目的是了解产品设计色彩所涉及的广泛知识，以及怎样应用色彩设计相关知识而达到提高实际产品设计工作中的配色能力。以色彩构成为学习基础，继而指导读者如何应用产品设计色彩的基础理论知识来恰当地进行产品设计色彩及设计色彩配色的实施。

第 4 章　产品设计色彩调查分析

本章概述：

产品设计色彩调查分析的结果可作为产品设计色彩应用的参考，并且是一项重要的产品设计前期调研成果。因此很多产品在进入市场之前，都会做出周密的计划，分析设计色彩风险，对市场前期产品设计色彩准备工作的反馈意见并作积极的回应。设计师依据市场调查的信息，对产品设计色彩进行多方案设计，与客户就产品设计色彩的意图、调研方法和意象体系和案例分析等方面进行沟通，采取研讨、试卖等方法，修改产品设计色彩方案，决定正式产品设计色彩方案。

训练要求和目标：

本章主要讲解如何进行产品设计色彩调查与分析。

本章主要学习以下内容。

- 产品设计色彩调研前期准备工作
- 产品设计色彩调研的常见误区
- 产品设计色彩调研的基本流程
- 产品设计色彩意象体系调查

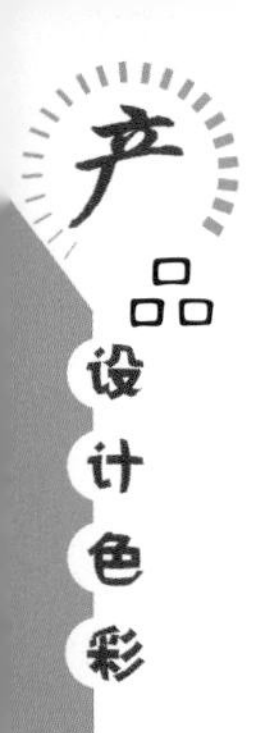

4.1 产品设计色彩调查概述

通过对如图4.1所示的工具类品产品设计进行色彩分析，不难看出，产品色彩在设计上是有类别风格的，这一风格特征的把握是通过色彩调研的基本流程确定下来的，并对产品设计色彩进行意象体系调查，最终确立产品设计色彩的实施方案。

图4.1　工具类产品

色彩在视觉表现中是最敏感、最具有感染力的艺术因素，是顾客留下深刻印象的第一视觉因素。新产品的开发是企业生存和发展的重要支柱，它对企业将来的经营状况和前景具有重大的影响。根据德国心理学家的有关研究显示，色彩具有先声夺人的效应。美国营销界曾总结出著名的“七秒定律”，即消费者面对琳琅满目的商品，只要7s，就可以确定对这些商品是否有兴趣。在这短暂而关键的7s之中，色彩的作用达到了67%。日本学者也曾对色彩的心理作用做过大量的研究，日本设计教育学者大智浩指出：“色彩是现代促进商品买卖的最有效手段。”美国家用产品制造商协会(NHMA)从1974年到1983年所做的3次大规模调查显示，色彩及设计是消费者在采购家电用品时的六大考虑因素之一。日本设计编辑委员会所编印的《设计方法》一书，亦将色彩列为设计的重要因素之一，并强调色彩计划在整个产品设计程序中，与产品的发展是同时并进的，企业界必须从事长期的消费者色彩喜好调查与市场情报分析，以作为色彩计划的重要基础。

如今随着人们物质生活的不断提高，消费者不仅仅满足于产品的功能，对产品的颜色也越来越重视，他们的口味变得更加时尚，多变的色彩和前卫的设计已经成为产品畅销与否的关键因素。为了迎合这种喜好，生产消费类产品的企业，诸如手机、家电等厂家已经开始了对色彩的重视和研究。以往不够重视色彩的汽车厂家也开始对车身颜色加以重视。通用汽车公司的设计部门有一个高度专业化的小组，他们的工作就是预测颜色的流行趋势。通过对通俗文化、经济趋势以及其他行业的消费模式的研究，这个小组必须对哪种颜色将会流行做出判断，然后，他们根据这种判断，设计出全新的“银色”或者“黑色”。通用汽车公司负责色彩和内饰设计的全球主管海伦·艾姆斯里(Helen Emsley)说：“目前，大约50%的消费者仍倾向于选择银色、黑色、浅褐色或者白色的车。但是，我们希望有更多的车身颜色可以满足消费者日益增长的不同需求。”为此，通用汽车和其他汽车公司都在一起努力开发高科技含量的末道漆工艺，这种工艺能让汽车更加好看，在未来也会成为最流行的汽车涂装工艺。通用汽车公司的做法是在车身涂料中加入微小的金属片，这样，车身在不同角度光线下会呈现不同的颜色。这一技术首先应用在凯迪拉克新款DTS轿车上，该款车的钛灰色在不同角度会呈现出绿色或者紫罗兰色。尽管这种涂装工艺导致车价上升大约1000美元，但是钛灰色的DTS轿车在该款车的总销量中占了9%，而普通灰色的只占6%。这一点都不让人意外，消费者在汽车颜色上还有更加大胆和让人吃惊的选择。

设计的根本目的是为“人”服务的。因此，设计师在开展设计工作时需要与客户和用户多沟通，了解他们的喜好，而不是仅仅凭借自己主观的个人喜好。作为设计重要元素之一的颜色选择还与很多具体情况有关系，如颜色与场合及功能要求的关系、颜色与生活习惯及习俗的关系、颜色与外形结构的关系、颜色与质地的关系、颜色与使用对象的关系、颜色与颜色之间的搭配关系，等等。这么多需要考虑的关系使人们必须综合考虑与颜色选择相关的诸多问题。人们常常会争论色彩的正确与否，但通常色彩选择没有绝对的对与错，区别仅在于色彩选择是适合还是不适合。所以设计师在用色时要考虑大多数人或主要使用者的色彩喜好感受，而这些都需要合理有效的色彩调查与分析。

合理而有效的产品色彩调研工作，可以及时捕捉市场情报，向决策者提供关于当前产品色彩方案有效性的信息和进行必要变革的线索，从而达到降低投资风险的目的。同时它也是一个探索新的市场机会的基本工具，有助于决策者识别和把握有利的市场机会，辨认真正的商机。

4.2 产品设计色彩调研方法和步骤

调研充分的企业比缺乏调研的企业能更及时、更准确地识别出营销的机遇和问题，对于跨国企业来讲，市场调研是决策的基础，如索尼公司的座右铭——“调研产生差别”。每一步决策必须依据市场调研得到科学客观的数据，虽然有效的调研也不能完全消除决策时的不确定性，但至少是减少其不确定性的有效办法，它提高了企业做出正确决策的机会，降低了产生错误决策的风险。

4.2.1 前期准备工作

一项规范市场调研的开展牵涉到较多的人力财力，因而，对于开展某项市场调研的必要性、合理性和可行性需要在调研开始前进行充分的论证，从而使调研的价值能得以充分

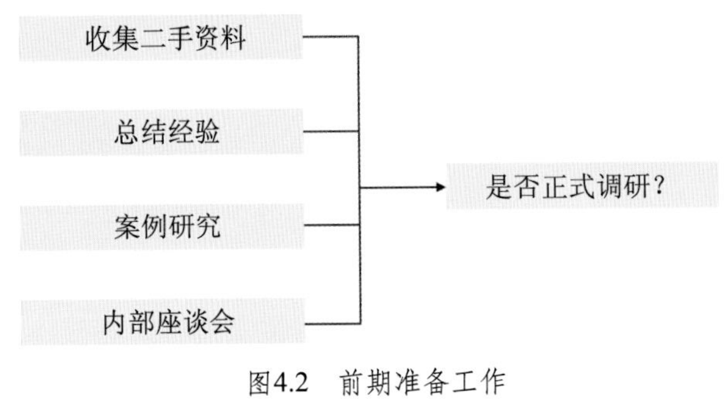

图4.2　前期准备工作

体现。如图4.2所示，一般在正式调研之前，需要对调研所涉及的相关内容进行二手资料的收集整理工作，总结之前的案例经验并对案例展开研究工作，在条件具备的情况下进行内部研讨会等，由此判断有无必要进行正式的市场调研工作。

4.2.2　调研的常见误区

在开展市场调查工作时，要避免的一个误区是自己给自己做效果评价，即扮演“运动员兼裁判员”的角色。在做产品色彩调查时，如果由企业研发部门自己做上市产品的色彩效果评价调研，结果往往也很难保证准确，因此，这种情况下借助第三方的力量来完成此项工作是较为合理的解决方法。

通常，在市场调研企业里的专案调研分工较为详细，大致上一个项目团队由研究员承担项目经理的角色，统筹客户组、调研组和数据处理组来完成一个调研项目的操作，如图4.3所示。

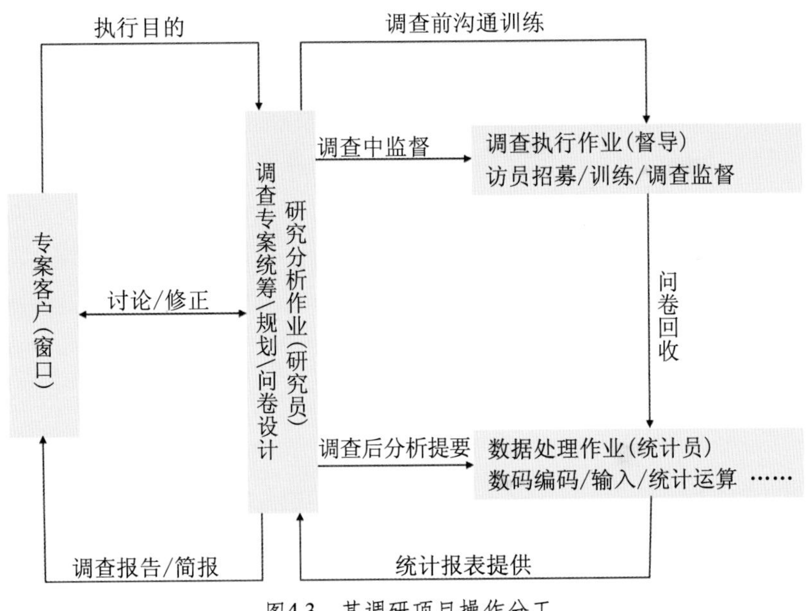

图4.3　某调研项目操作分工

4.2.3　产品色彩调研的基本流程

产品色彩调研的基本流程如图4.4所示。

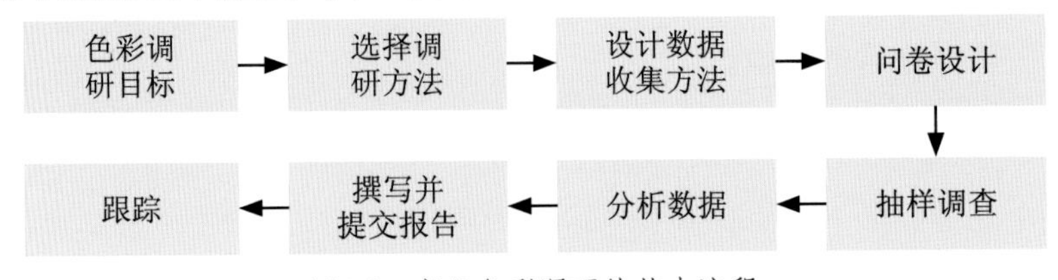

图4.4　产品色彩调研的基本流程

在实际应用中，往往因为企业所处行业的不同、产品类型的不同、企业组织架构的不同、人力资源的构成不同，调研流程存在着一定的差异性，如图4.5所示为某企业的某类产品配色调研流程，是基于该企业自身的实际情况而编订的。

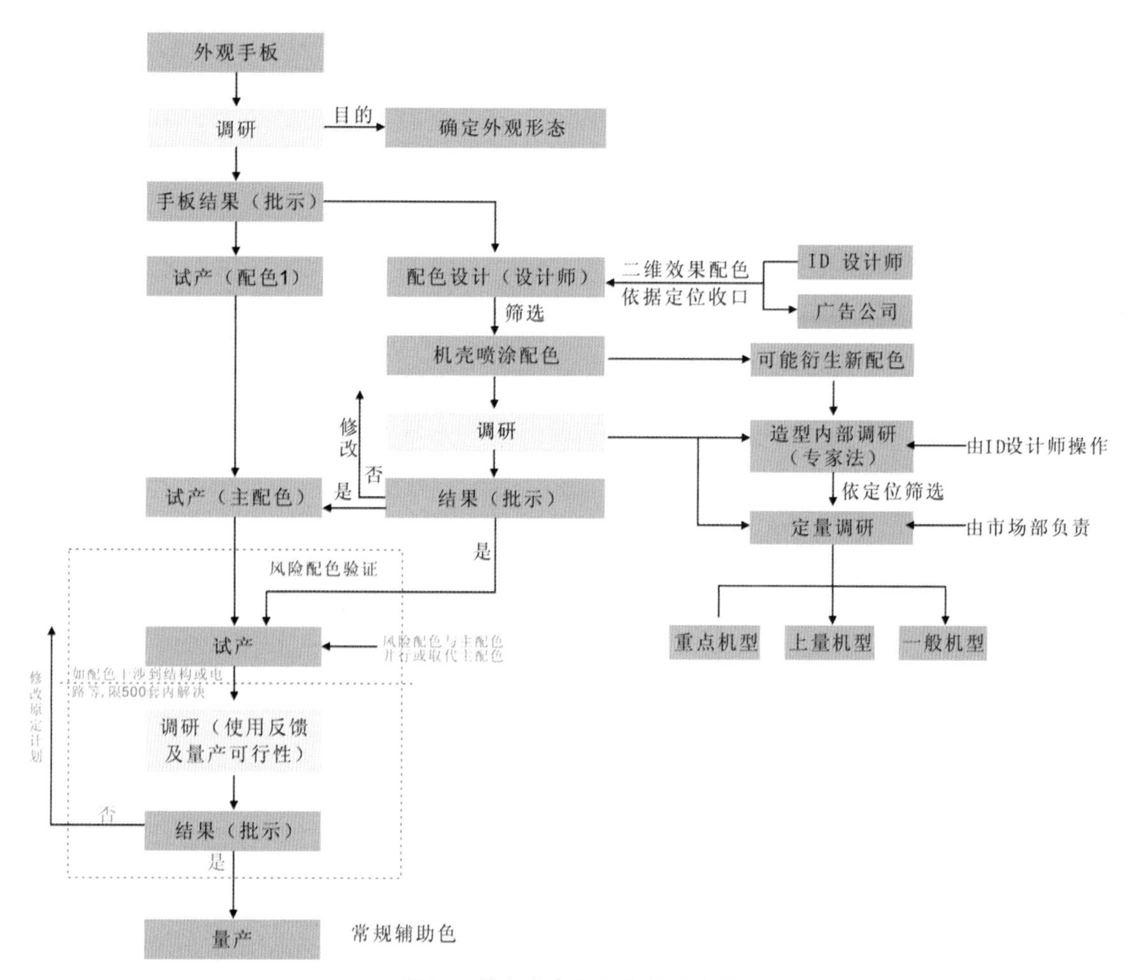

图4.5　某企业产品配色调研流程

1. 步骤一：问题定义

只有清楚地定义了产品色彩调研所要研究的问题，才可能正确地进行调研和试设计，这对于最终满足顾客需求是最重要的一项工作。如果问题定义错误，则在此之后花费的所有努力、时间和金钱都将被白白浪费。问题的定义应从以下两个方面出发：一是研究的内容与对象，研究所针对的市场问题；二是研究的数据如何为决策提供支持。

问题定义通常采用决策者访谈、专家访谈、二手数据分析、小规模定性研究等方法。调研的出发点往往来源于产品的不确定性或存在的问题，对于问题的界定需要研究者采用

合适的方法来将决策者的问题转换为具操作性的步骤，见表4-1。

表4-1　决策问题——研究问题转化

决策者的问题	决策者假设	研究者问题	研究者目的
某产品修改配色后销售下降原因何在	顾客不喜欢	客户态度改变	测量客户态度
	做工不好	工艺差异	测量工艺效果
	促销不好	需求减少	测量市场容量

2. 步骤二：确定方法

在产品色彩调研活动中，涉及的主要内容包括消费者、广告促销、产品、销售、市场环境等，所以需要有选择地针对它们进行不同的分类研究。

在消费者研究中根据调研侧重点的不同，主要从以下方面着手展开研究工作。

(1) 消费者行为及生活形态研究。

(2) 消费者满意与不满意研究。

(3) 消费者需求研究。

(4) 消费者习惯研究。

(5) 市场总量研究。

(6) 市场细分研究。

在产品研究中，产品色彩会关联到很多问题，因而要全面而合理地评测和解释色彩的应用问题，还需要研究以下内容。

(1) 产品匿名测试。

(2) 知名品牌产品测试。

(3) 对比产品测试。

(4) 概念与产品匹配测试。

(5) 产品功能测试。

(6) 包装研究。

3. 步骤三：数据收集

常用的调查研究方法广义上可分为定性研究方法和定量研究方法，它们的差异见表4-2。

表4-2　定性研究与定量研究的差异

	定性研究	定量研究
问题类型	探测性	描述性、因果性、预测性
样本规模	无统计意义	有统计意义
访问人员	需要特殊的技巧	不需太多特殊技巧
分析类型	主观性、解释性	统计性、摘要性

续表

应　　用	了解情况	决策
硬件条件	录音设备、投影设备、录像机、照片、讨论指南	问卷、计算机、打印结果
重复操作性	较低	较高
研究的类型	试探性	说明性、因果性
优　　点	样本少、快、便宜；有深度、能深入了解研究对象的做法和想法	样本量大、能提供定量的数据；可以应用数学/统计的分析方法，结论可以代表总体；能够指出一些微小的差异
局限性	结论不能代表总体；不能区别一些小的差异；不能用数字来衡量	费时、昂贵；有时候，从数据上看不出原因是什么

1) 定性研究方法

定性研究方法是非量化的一种研究方法，主要以找寻和挖掘被访者的潜在的意念、洞察力为目的。这种方法在需要深入了解“怎样”和“为什么”的信息时被用到。定性研究的基本流程如图4.6所示。

图4.6　定性研究基本流程

常用的定性研究方法主要有座谈会、深度访谈、投射法等。定性研究多采用开放式的问题，因而具有被访者互相作用，可以激发新的思考；可以直接观察消费者；执行比其他方法容易等优点。但定性研究在操作层面上过于灵活，容易引发一定的误差，如对表面的理解易产生误导、被访者互相之间容易受到别人的影响、受客观因素的影响很大(如主持人、被访者性格等)。座谈会是定性研究方法中较为科学系统的研究方法，因此重点介绍座谈会研究方法。

(1) 座谈会方法的特色：座谈会研究以了解为主，并非以测量为目的。座谈会是一种探索式的研究，其随时可变化访问结构及内容，是一种非常具有弹性的研究方式；可以得到对市场及消费者心态相当深入、完整的了解；必须现场观察，才能完全收获研究结果。

(2) 座谈会执行流程：主要有规划座谈会场次、设计甄选问卷、招募受访者、设计座谈会讨论大纲、招募受访者、召开座谈会、撰写报告、提出报告等流程内容。座谈会执行流程图如图4.7所示。

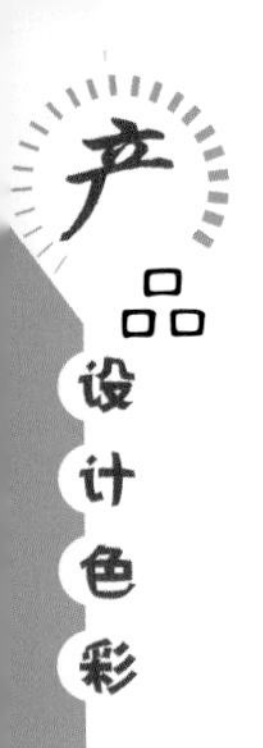

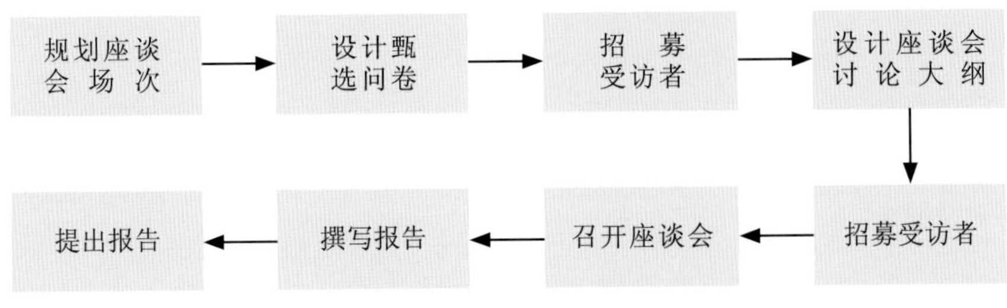

图4.7　座谈会执行流程

(3) 如何选取座谈会参与人员：常用的方法有职业介绍人招募、亲朋好友招募、滚雪球式招募、访问员介绍法、定点招募法、数据库招募法、电话随机招募法等，前面的方法招人成功率较高，后面的方法成功率较低，但靠前的方法存在的误差也较后面的方法更大。

2) 定量调研方法

定量调研方法是一种通过严格的统计抽样来达到以抽样样本代表总体的一种量化的研究方法。其结果要运用一系列的数学统计方法来分析，经数据分析后的结论可以推论、代表整体。它主要回答与“多少”相关的问题，在需要定量地评估某种机会或设想时用到。

定量研究的基本流程如图4.8所示。

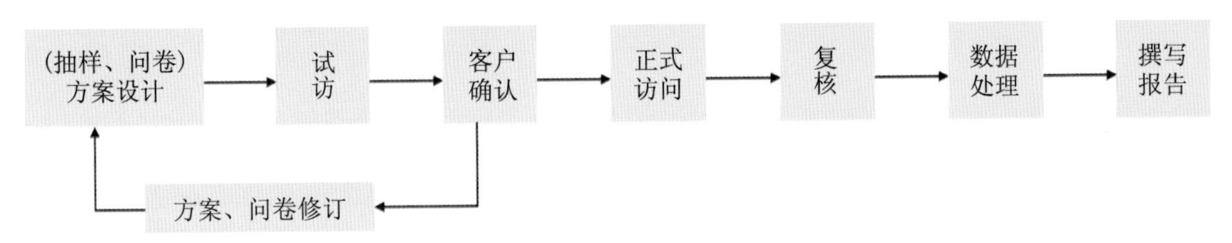

图4.8　定量研究基本流程

常用的定量研究方法有入户访问、街头拦截访问、预约集中访问、电话访问、邮寄访问、网络访问等。入户访问与街头拦截访问优缺点见表4-3。

表4-3　入户访问与街头拦截访问的优缺点分析

	优点	缺点
入户访问	与被访者面对面接触，能直接得到反馈，可以对复杂的问题进行解释；能使被访者轻松地接受采访	拒访率高；特殊地区常常是抽样忽略的地区；访问员的素质和专业性要求高
街头拦截访问	降低成本；缩短操作时间	样本的代表性不如入户；环境不如入户，易使被访者感觉不适；时间不能太长

4. 步骤四：问卷设计、抽样及数据收集

问卷设计是实际调研中最为关键的步骤。抽样方法是统计学在实践中的近似与转化通常采取的方法，分为随机抽样与配额抽样，其代表程度一般由置信度和相对误差来描述。

1) 如何设计问卷

(1) 问卷必备内容包括以下几个。

■ 问卷号：——(请务必在访问前自行编号，防止问卷号重复)。

■ 问候语：您好！我们正在进行一项有关吸尘器配色的研究，很想听一听您宝贵意见。耽搁您一些时间，可以吗？多谢您的支持配合！

■ 甄别：请问您或您的亲朋好友中，有没有从事吸尘器生产或销售工作的？

A．有　　B．没有(如回答A则终止访问)

■ 访问员姓名：________________　访问时间：_______年_______月____日。

■ 主体问卷。

■ 背景资料。

(2) 问卷设计流程如图4.9所示。

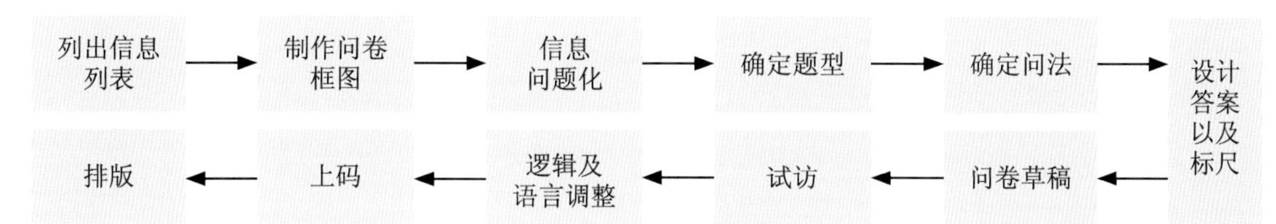

图4.9　问卷设计流程

(3) 同卷设计要点如下。

■ 无歧义性。

■ 无诱导性。

■ 无心理刺激性。

■ 正确的逻辑关系。

■ 采用日常语言。

■ 符合消费者逻辑的答案。

■ 符合数字化要求。

(4) 提高访问准确度的方法如下。

■ 加强培训与复核。

■ 应用电子设备。

■ 提高问卷设计质量。

■ 问卷中使用复核题(以提高问卷的准确程度)。

■ 增加对事实的记录。

2) 如何做个人访问

(1) 个人访问中的注意事项见表4-4。

表4-4　访问注意事项

该做的	不该做的
变化问题的类型，避免令人厌烦	不要使问题太长
使问题简单	不要问过多开放式问题
保证以流畅而富有逻辑的顺序进行访问	不要使用不合格的访问员，以免结果偏差

(2) 抽样原则如下。

■ 对抽样框的准确定义可大大提高研究准确性。

■ 应尽可能选择配额抽样。

■ 样本量可使用公式计算。

■ 尽可能使用计算机随机抽样。

(3) 样本量的确定方法如下。一定置信度下(通常取95%已完全可以满足研究需要，其统计检验值$Z=1.96$)进行随机抽样，在允许的抽样误差范围E内估算百分比P时，所需样本容量的计算公式如下：$N=Z^2[P(1-P)]/E^2$(N为样本容量、Z为统计检验值、P为百分比、E为抽样误差范围)。

在95%的置信水平下，样本增加的幅度与误差减少幅度的比较见表4-5。

表4-5　样本量与误差对应图

最小样本量	96	119	150	196	267	384	600	1067	2401	9604
绝对误差	0.1	0.09	0.08	0.07	0.06	0.05	0.04	0.03	0.02	0.01

3) 如何采集样本

(1) 建议样本量：100份以上。

(2) 商业闹市区采样要结合商场日常的客流结构分配样本量。大型百货商场的客流主要集中在中午(11:30～13:30)，下午／傍晚(4:00～6:00)，晚上(6:00～营业结束)，则可把样本平均分配到这3个时间段。

(3) 周末通常是商业区的客流高峰期，周末进行访问可以事半功倍。

抽样方法：采用等距抽样的方法，即完成一个顾客的访问后，在下一个访问前，必须要相隔2个购物者，如图4.10所示。在访问过程中，必须按照既定的规定严格执行。不能按照个人的喜好挑选被访者；也不能访问认识的人；并且当几个人结伴购物时，只能访问其中一个人。

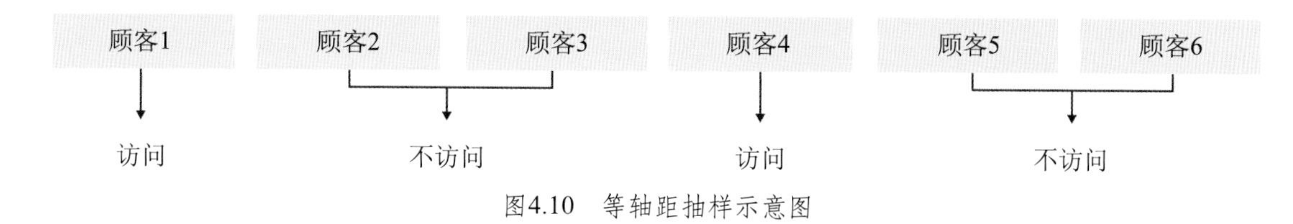

图4.10　等轴距抽样示意图

5. 步骤五：数据分析

数据包含的信息很多，但是数据中的信息往往是分散的，单个数据很难直接被应用起来，统计学就是把数据转化为信息的科学。进行数据分析的前提是已经拥有一定的数据量，之后才能从数据中提取信息。在运用统计工具进行数据分析时必须依据统计学原理来服务于数据分析。

(1) 软件工具：Excel、SPSS、SAS等。SPSS和SAS是目前应用最广泛、国际公认且标准的统计分析软件，二者各有千秋。SAS是功能最为强大的统计软件，有完善的数据管理和统计分析功能，是熟悉统计学并擅长编程的专业人士的首选。与SAS比较，SPSS则是非统计学专业人士的首选。

SPSS的基本功能包括数据管理、统计分析、图表分析、输出管理等。SPSS统计分析过程包括描述性统计、均值比较、一般线性模型、相关分析、回归分析、对数线性模型、聚类分析、数据简化、生存分析、时间序列分析、多重响应等几大类，每类中又分好几个统计过程，如回归分析中又分线性回归分析、曲线估计、Logistic回归、Probit回归、加权估计、两阶段最小二乘法、非线性回归等多个统计过程，而且每个过程中又允许用户选择不同的方法及参数。SPSS也有专门的绘图系统，可以根据数据绘制各种图形。SPSS通常分析过程如图4.11所示。

图4.11　SPSS通常分析过程

(2) 统计方法工具：交叉表、聚类分析、相关分析、因子分析、趋势分析、回归分析等。统计方法工具有很多种，不一一列举。人们在进行市场细分时常用的有交叉表分析、聚类分析、因子分析等；在进行消费者偏好分析时常用的有相关分析、主成分分析、结合分析、多元回归等；在进行顾客满意度分析时常用的有逻辑回归、对应分析等；在进行价格敏感度分析时常用的有交叉分析、多元回归、结合分析等；在进行市场预测分析时常用

的有多元回归、时间序列分析等。

6. 步骤六：提交研究报告

(1) 对研究目的提出切合实际的决策方向。

(2) 研究报告应重点突出，概念清晰。

(3) 应使用简明易懂的表达方法。

(4) 针对研究目的提出切合实际的决策方向。

4.3　产品设计色彩意象体系调查及应用

4.3.1　产品色彩认知理论与色彩意象研究的发展

色彩是情感的寄托，直接影响人们的审美活动，并在某种特殊情况下可以调节人们的情绪，转换人们的生活态度。色彩的选择透射出个体的性格和品位。求新求变的社会发展趋势，激励设计寻求发展空间的过程中，定位消费大众满足不同消费者的需求，包括消费大众性别、年龄、喜好等研究，从而使新颖性、新思维的设计风格在同类产品中脱颖而出。

1．色彩认知理论

工业设计师在从事产品设计时，必须考虑到诸多因素。在这些因素中，色彩是十分重要的，因为凡是有形的东西必有色彩。另外，诸多研究也显示出人类的视觉对色彩感应程度要比对形态感应程度的百分比来得高。也就是说产品色彩在一般情况下给人的情绪性影响应远较于形态快速而强烈，对色彩意象的调研也因此成为色彩调研的重点。

早在1932年，R・M・Dorcus的色彩研究报告指出，在同一生活方式下，历史背景相同的群体对一定色彩刺激的反应，具有相同性质；通过详细的观察，发现个人的生活经历虽然不同，但对色彩的感觉却大抵相同。但不同的目标族群也会随着性别、年龄、地域等而有所差异。美国行销和色彩学者切斯金(Cheskin)认为影响色彩喜好的因素有3类：个人爱好占20%；自我意识占40%；地位象征占40%。切斯金研究产品销售状况与产品色彩之间关系的另一项成果体现在《盈利之色彩》(Color for Profit)一书中，全书旨在申述3个重点：一是好品位与产品销售状况关联甚微；二是询问顾客对于某包装设计的观感并非衡量行销效益的良方；三是色彩具有象征意义。

2. 色彩意象体系简介

日本色彩研究所著名的研究成果——“色彩意象体系”(Color Image System)，也被称为“色彩形象体系”或“色彩印象体系”，是目前应用较为广泛的色彩分析工具，从研究到应用耗时半个世纪。它归纳了色彩意象的类型，揭示了色彩属性和色彩意象之间的关联性，形成了对色彩意象的多变量解析到建立语言对应检索的意象分类系统，是设计师进行色彩分析工作不可缺少的重要应用工具。

色彩意象分析框架的核心内容是“意象尺度空间”，如图4.12所示，它是由3个心理轴：WC／冷暖轴、SH／软硬轴、KG／清浊轴架构而成，分别表达了色彩的3种不同维度的心理属性，利用这些不同的心理属性，则可以明确的区分出不同色彩的情感趋向。

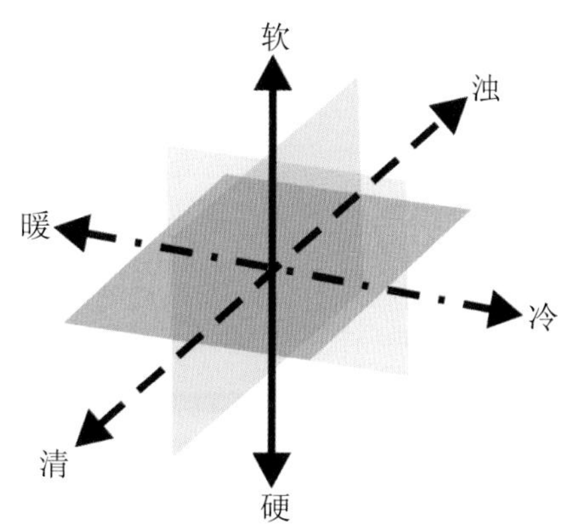

图4.12　色彩意象心理轴

(1) WS区域：是暖色相软色区，表达的是亲切和可爱的感觉特征，为情绪性、甜蜜的、女性的及动感的意象区域。

(2) WH区域：是暖色相硬色区，表达的是强劲的生命力和活力的感觉特征，为强而粗野的、激情的乃至暴力的意象区域。

(3) CS区域：是冷色相软色区，表达的是美感、知性和清新的感觉特征，为清新的、干净的、柔弱的、有品位的意象区域。

(4) CH区域：是冷色相硬色区，表达的是理性和信赖感的感觉特征，为理智的、静态的、男性的、刚毅的、庄重的意象区域。

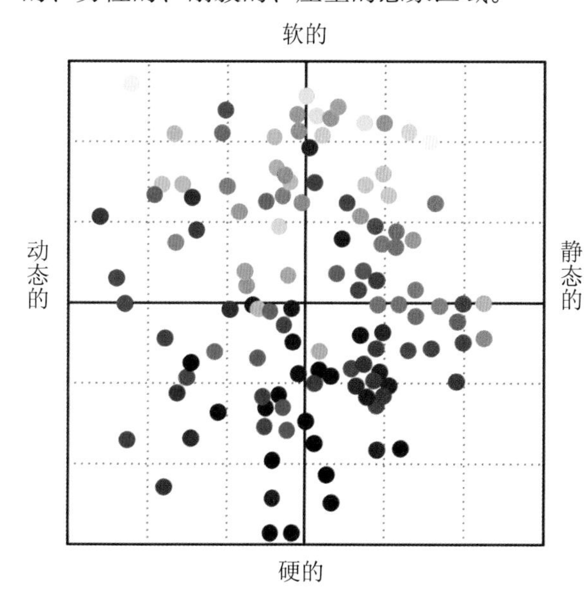

图4.13　单色色彩意象尺度表(韩国IRI色彩研究所)

(5) 中央区域：从两轴交汇处的中心及周围小部分的区域，包括下方以浊色为主的稳重的、沉着的意象区域，以及左右和上方的边缘地带均为清色系分布区域。

不同的颜色会给人们以不同的视觉感受和心理意象，在“色彩意象尺度空间”中，相距较远的颜色给人的意象会有较大的差异，而距离较近的颜色之间的意象会比较相近，也就是说颜色间的距离与意象的差异程度成正比关系。单色色彩意象尺度表如图4.13所示。

如果用一个“配色意象空间”和一个“形容词意象空间”来进行配对，此时位于相同位置上的颜色和形容词可以说是具有相同的意义，也就是说，位于“配色意象空间”A位置上的颜色完全可以用“形容词意象空间”A位置上的形容词来形容。通过这种方式比较颜色与形容词，设计师们就可以判断出不同颜色给人的不同感觉，也就可以由此策划出一套科学客观的配色方案，如图4.14所示。

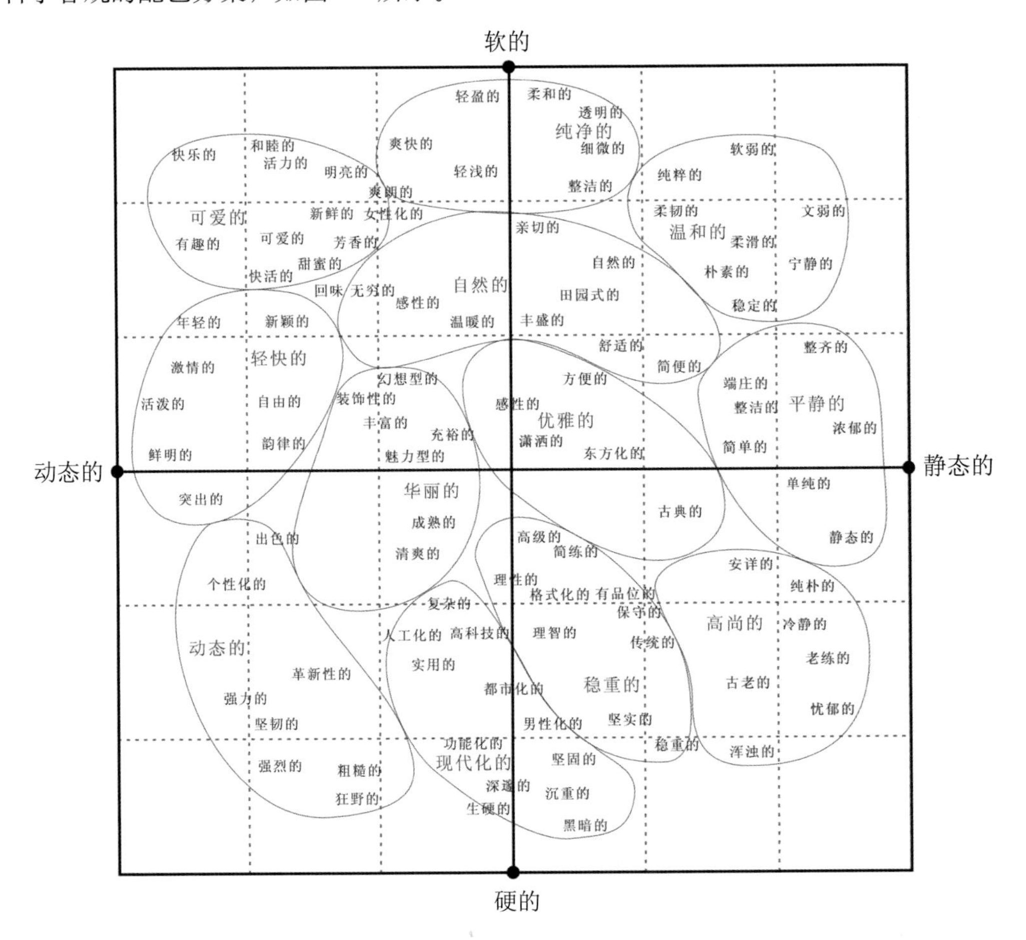

图4.14 配色意象与形容词意象配对示意（韩国IRI色彩研究所）

在对学校、家庭、企业环境的色彩意象比较调查中显示，人们对环境氛围的色彩意象鲜明地反映出冷暖知觉，这种差异尤其表现在家庭与公司的氛围对比之间。家庭氛围色彩意象为“愉快的、温馨的”集中于WS区域，“安宁平稳的”居中央区域；企业氛围色彩意象为“合理的、效率的”分布于CH区域，“精力旺盛的、敏捷的”在WH区域；学校氛围色彩意象为“开放的、健康的”集中于WS区域，“安全的、生机勃勃的”在CS区域，如图4.15所示。

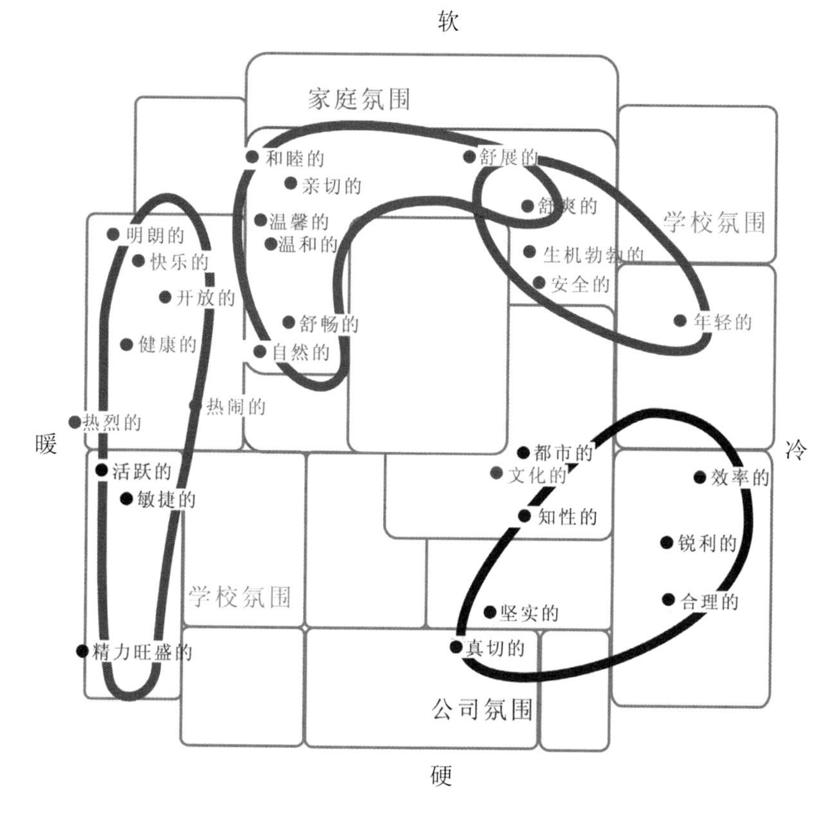

图4.15　学校、家庭、公司环境氛围的色彩意象比较调查

4.3.2　色彩意象与语义差异法

意象(Image)是人脑对事物空间形象大小的信息所做的加工和描述，与知觉图像不同，意象是抽象的，与感官机能无直接关系，精确性较差，但可塑性却很大，而且可以用智力方式来加工，使意象作抽象特性定量描述(《大不列颠百科全书》)。简言之，意象是一种对广泛事物的观念、判断、喜好和态度的混合体，意象在这种意义上强调的是心境、感想上认识的内容。

依上述关于意象的解释，所谓色彩意象（Color Image）就是对色彩的观念、判断、喜好和态度，所强调的是心境、感想上认识的内容，也就是色彩让人产生的心理感觉和情感。在日常生活中，人们常常使用各种形容词（语义）来表现事物的意象，而形容词经常可以用来正确地传达事物所蕴涵的特质或给予人的心理感受，如“时髦的”衣服、“高雅的”餐厅、“浪漫的”烛光晚餐等。针对色彩而言，由于色彩的种种感性现象与心理语义的结合，也使色彩具有丰富的情绪性语义。三原色的情绪性语义意象见表4-6。

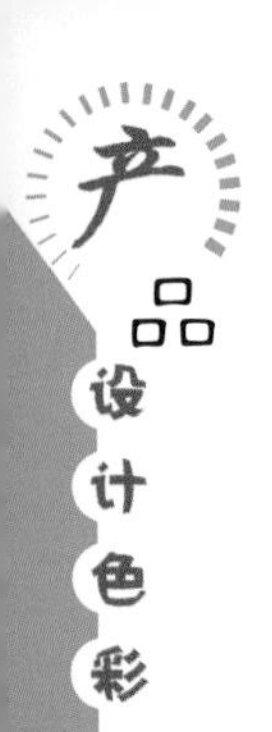

表4-6　三原色的情绪性语义意象

品红	黄	青
温暖的	温暖的	寒冷的
前进的	前进的	后退的
适中的	轻　的	重　的
柔软的	柔软的	坚硬的
中明的	明亮的	昏暗的
浓　的	浅淡的	深浓的
强劲的	强劲的	柔软的
花哨的	花哨的	朴素的
活泼的	活泼的	沉闷的
愉快的	不快的	愉快的
漂亮的	漂亮的	漂亮的

色彩意象是一种心理属性大于物理属性的色彩情感，同时会受到种族、文化背景、习俗和时间等因素的影响，尤其是文化背景的影响最大。就如同色彩的联想与象征，每一个国家或民族或区域都有一定的差异性，并不是全世界通用的标准。像日本(日本色彩研究所)、韩国(IRI色彩研究所)等国家的研究都通过语义差异法对本国人民进行了大量的色彩调查，建立了一套属于自己的色彩意象“标准”体系。

如前文所述，语义差异法是由Charles E．Osgood及其同事于1942年提出的。用来研究事物的“意义”的调查实验方法，主要是将感觉和概念量化，间接测量态度，其原始研究源于“共感觉”(Synesthesia)的研究。所谓“共感觉”是指当人们的某种感官受到刺激时，会得到另一种感官在接受刺激时所产生的感觉。语义差异法的目的在于帮助研究人员了解意象感觉，其广泛地被应用在各种心理感觉的调查和描述上，常被用来评估非计量性的资料。调查实验过程运用对立的成对形容词所构成的量尺，针对一个事物或概念进行评量，以便了解该事物或概念所具有的意义及分量。因此，语义差异法是一种探测人类心理感觉的调查实验方法，它是将某些事物的差异化，用数量化的方式来呈现。

语义差异法主要由被评估的事物或概念(Concept)、量尺(Scale)及受测者(Subject)3个要素构成。第一个要素是选定被评估的对象；第二个要素是选择评价量尺，尺度的编订评定等级通常分成5段或7段，让受测者来勾选，如你现在的心态是什么？请在图4.16所示线段上的适当位置画圈；第三个要素则是受测者，也就是样本，样本数量最少需要30人，才能得到较稳定的资料。

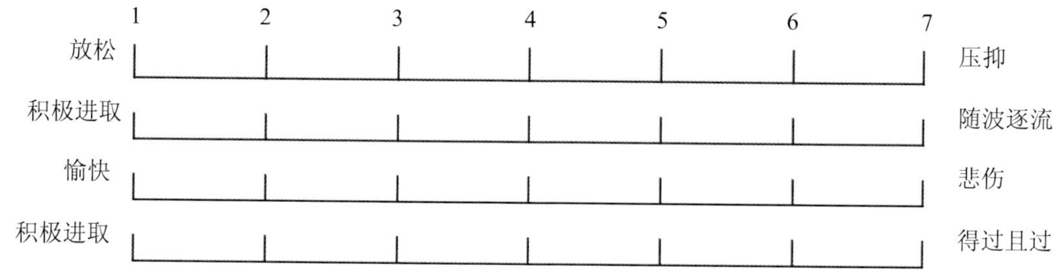

图4.16 语义评价量尺

语义差异法可在下列情况下研究和运用。

(1) 为求某一意念在不同群众层次上的差异。

(2) 为求两个不同意念在相同群众层次上的差异。

(3) 为求某一意念在不同两个人的意见。

(4) 为了解同一个人对两个不同的意念所持的意见。

色彩意象尺度法(Color Image Scale)以语义差异法为基础，主要是借助实验、统计、计算等科学方法，通过对人们评价某一事物色彩的层次心理量的测量、计算、分析，降低人们对某一事物色彩的认知维度，并得到色彩意象尺度图，比较其分布规律的一种方法。它一方面通过寻找与研究目的相关的意象语汇来描述研究对象的意象风格，同时使用类似“暖的、冷的”等多对相对、反义的形容词对从不同的角度或维度来量度“意象”这个模糊的心理概念，并建立5点或7点心理学量表，以很、较、有点、中常(都不是)来表示不同维度的连续的心理变化量(如很暖、较暖、有点暖、中常、有点冷、较冷、很冷等)，如消费者对产品色彩的意象、喜好度研究往往通过图4.17所示的方式进行调查，并用因素区分

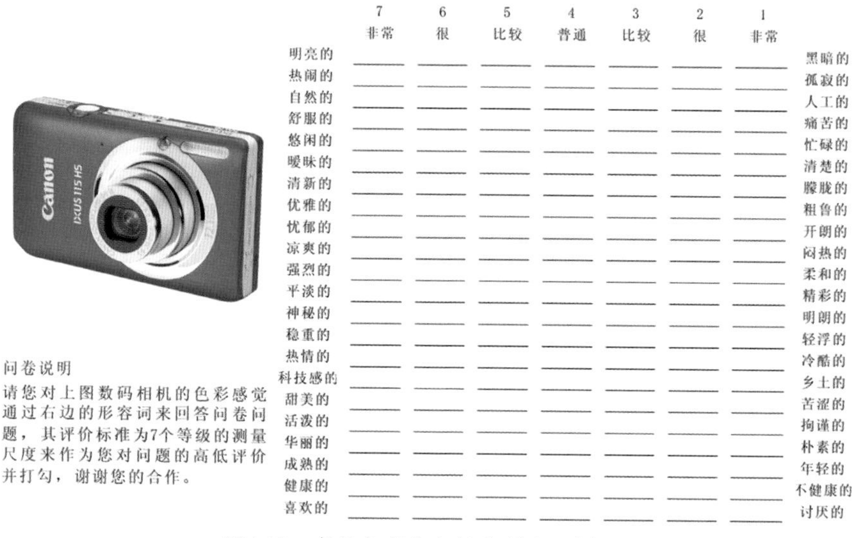

	7 非常	6 很	5 比较	4 普通	3 比较	2 很	1 非常	
明亮的								黑暗的
热闹的								孤寂的
自然的								人工的
舒服的								痛苦的
悠闲的								忙碌的
暧昧的								清楚的
清新的								朦胧的
优雅的								粗鲁的
忧郁的								开朗的
凉爽的								闷热的
强烈的								柔和的
平淡的								精彩的
神秘的								明朗的
稳重的								轻浮的
热情的								冷酷的
科技感的								乡土的
甜美的								苦涩的
活泼的								拘谨的
华丽的								朴素的
成熟的								年轻的
健康的								不健康的
喜欢的								讨厌的

问卷说明

请您对上图数码相机的色彩感觉通过右边的形容词来回答问卷问题，其评价标准为7个等级的测量尺度来作为您对问题的高低评价并打勾，谢谢您的合作。

图4.17 产品色彩意象尺度调查图例

中的主成分分析或多向度法(Multidimensional Scaling，MDS)进行研究，得到具有一定分布规律的色彩意象尺度图。该方法实际上也是一种以心理学实验为基础的方法。

在该方法的应用中，一次心理测试一般使用15～25对形容词。形容词组的选取可以从区分语言的3个因素，即评价性因素、活动性因素及潜在性因素得到，见表4-7。日本学者在相关研究中，根据语义差异法研究的结果，确定了一系列色彩意象词汇。如色彩的美与丑、雅与俗等属于色彩的评价性，色彩的动与静、明与暗、引人注目与不引人注目等属于色彩的活动性，而色的强与弱、轻与重、男性化与女性化等则是色彩的潜在性。

表4-7　色彩意象尺度的3个共同因素及包括的部分形容词

评价性因素	活动性因素	潜在性因素
喜欢的——讨嫌的	温暖的——寒冷的	重的——轻的
漂亮的——污秽的	前进的——后退的	强的——弱的
愉快的——不快的	膨胀的——收缩的	坚硬的——柔软的
高雅的——卑俗的	振奋的——萎靡的	深沉的——浮浅的
自然的——不自然的	花哨的——朴素的	浓腻的——清淡的
甜美的——苦涩的	明亮的——昏暗的	紧张的——松弛的
美的——丑的	动态的——静态的	男性化的——女性化的

经日本、韩国和中国台湾地区的研究成果显示，色彩意象尺度法是人们调查分析消费者对产品的色彩意象及喜好度最有效的工具之一。对产品色彩意象及喜好度的调查与分析一般可以分为3个阶段。

第一阶段，筛选、制作3～5个具有代表性的产品形态样本，挑选产品色彩配色的意象形容词。

第二阶段，根据第一阶段的所确定的意象形容词，请有经验的设计师设计符合上述形容词概念的产品色彩样本。

第三阶段，确定被测试人员和人数，进行消费者对产品色彩配色的意象与喜好度测试；最后通过主成分分析或多向度法进行统计分析并提出结论和建议。对消费者产品色彩意象、喜好度调查与分析步骤，如图4.18所示。

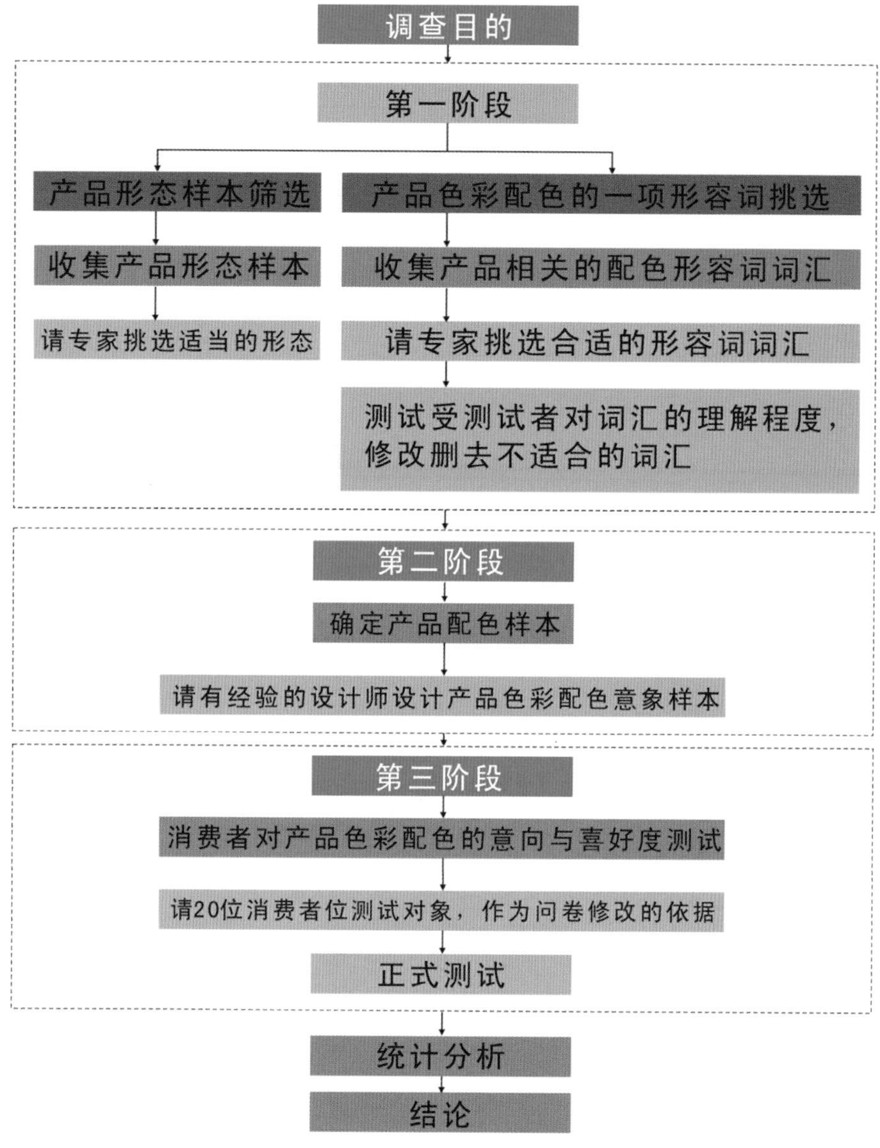

图4.18　消费者色彩意象、喜好度调查与分析步骤

通过该方法的调查和分析，一方面设计师可以根据所得的结论和建议，通过配色意象尺度图与形容词意象尺度图进行配对，找出所要表达的产品色彩整体情况；另一方面，色彩意象尺度图是一个具有明确色彩分布和变化规律的示意图，所以也对设计方案的评价和选择具有非常重要的意义；此外，该方法在构造产品形态与色彩审美认知过程的内在心理模型的同时，揭示出产品形态和色彩设计的基本规律，将设计中模糊、感性的问题量化，从而为产品设计(尤其是设计图库)提供较为准确的数据结构和一定的科学依据。

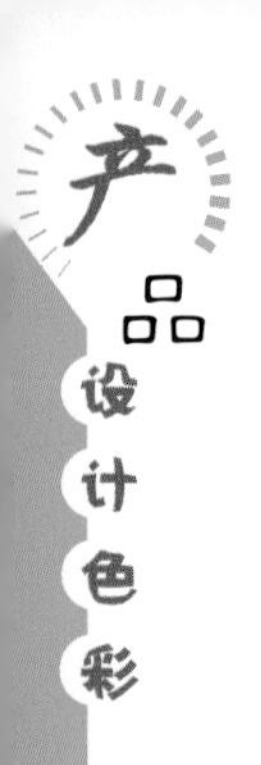

单元训练和作业

【单元训练】

数码相机市场的发展成熟导致在色彩设计上越来越注重细节。通过对历史数据的监测可以了解数码相机色彩使用上的走势和规律，以图4.19的爱国者数码相机为例，撰写一篇《中国数码相机色彩趋势调查报告》，力求把握市场的“推”力；通过对相关环境分析和对未来市场信息的把握则可以了解到领导品牌及相关领域产品对未来市场的“拉”力。

图4.19　爱国者数码相机

【思考题】

■ 产品设计色彩调研的常见误区是什么？

■ 进行产品设计色彩调研的基本流程有哪些？

本 章 小 结

调查是一切计划行动的开始，针对色彩而言更是如此，因为人们对色彩的理解和喜好并非主动表现出来的，而是隐藏在消费者的心目中。本章内容包括产品色彩调研的一般方法和步骤、基于消费者调查的色彩意象体系及应用和具体的案例。通过调查和分析，特别是基于消费者调查的色彩意象体系的应用，是提供给设计师最有效的色彩分析和评价工具。

第 5 章　产品设计色彩定位

本章概述：

本章讲解的是在产品设计如何定位色彩，如何设计产品的最佳色彩方案。这些内容是目前企业进行产品开发与设计时倍加关注的焦点，越来越多的企业在产品开发之前都进行了充分的色彩研究工作。本章从产品设计色彩定位研究为出发焦点，来探讨现代工业产品色彩的艺术设计定位，分析人的生理、心理、环境、风俗等因素对产品色彩理解的影响。现代的产品设计大都离不开色彩的装饰。一个完善的造型设计产品，色彩装饰是其不可或缺的重要部分。离开了色彩装饰，只有造型设计的产品并不是一个完整的设计。色彩以其深层含义对产品的整体形态设计有着极强的影响。因此，如何运用色彩，如何在产品设计中恰当的应用色彩即产品外观的色彩定位问题、定位的原则和方法有哪些等，这些就是本章主要阐述的问题。

训练要求和目标：

本章主要讲解如何进行产品设计色彩定位。

本章主要学习以下内容。

- 产品定位与产品设计色彩定位
- 产品设计色彩定位原则
- 产品设计色彩定位依据及方法

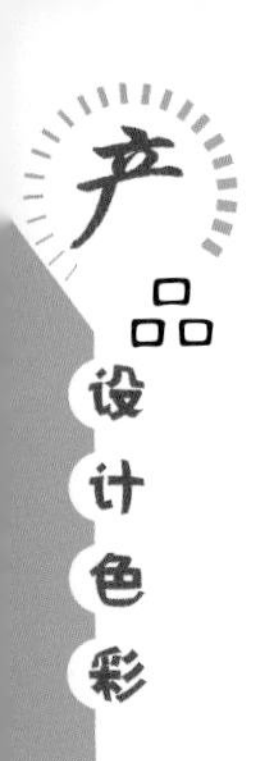

5.1 产品设计色彩定位概述

观察图5.1的产品设计色彩不难发现，产品设计色彩者进行设计之初是有一定的定位原则的，产品设计色彩根据这些定位依据及方法展开并确立最终的产品设计色彩方案。

图5.1 产品色彩

一件工业设计产品由结构、使用功能、外观色彩三要素组成，而色彩作为其最后一道工序有着举足轻重的地位，特别在销售方面色彩显得尤其重要。产品的销售方式几乎都是通过各商家营销或展销方式最终进入到消费者手中。在这一环节里，消费者首先是通过观看产品的外观、色彩来感受到商品形态而引起兴趣的，而目的性很强的消费者则是在同类产品中首先对视觉冲击力强的产品感兴趣，这是一个很普遍的现象，也是人们在生理和心理上对色彩的一种本能反应。色彩传达的信息虽然没有语言那么明确清晰，但是速度很快，联想的面很宽，它具备了语言的功能，甚至超过了语言。正因为如此，作为设计师必须深入地研究色彩语言，准确地给产品色彩定位，将设计意图明确地传递给消费者，从而达到产品销售的最终目的。

5.2 产品定位与产品设计色彩定位

传统营销的主要特点是以生产为中心，以产品为出发点。早在19世纪到20世纪初，由于生产和科技发展缓慢，市场是求大于供的卖方市场，当时用户的需要：一是尽可能多地向市场提供具有一定质量和适宜价格的产品；二是通过降低成本来降低价格。这种以产定销的思维定式使企业表现为只根据生产部门的计划或二程技术人员的意向设计产品，只凭间接的信息就决定某种产品的市场需求，产品的设计和价格的确定完全由生产者自己主观

图5.2 福特T型车

决定，消费者纯粹是被动接受者。企业不关心市场，关心的是市场上产品的有无，而不是消费者的需求特点。结果造成产品的品种单一、花样形状单一。如美国福特汽车公司创办人老亨利·福特(Henry Ford)所说的“不管顾客需要什么颜色，我们的汽车都是黑色的”，如图5.2所示。这是因为当时汽车供应紧张，黑颜色的涂料挥发快，生产效率高，虽然单一，但依然供不应求。

到了20世纪中期以后，随着产品种类的日益丰富和市场竞争的日趋激烈，针对某一个产品的市场出现了许多企业竞争的现象，市场细分成为必然。许多企业为了继续占有属于自己的那份市场或者开拓新的市场，必须要考虑消费者的需求情况，那种以生产为导向的思维定式已不再适应市场营销活动的要求，企业才开始逐渐把“以产品为中心”转向了“以消费者需求为中心”的概念：以销定产，以需定产，企业的一切活动都以满足消费者需求为中心，企业的经营目标和策略都建立在满足需求的基础上，从而产生了“以需求定位”的企业营销策略。经过几十年的发展，定位概念已经深入企业，成为企业生存和发展的根本。美国福特汽车公司与通用汽车公司早期的市场竞争就反映了这一变化。需求及交易的达成主要取决于生产。企业只要做好两项工作就能满足市场及顾客的需求。1914年著名的福特T型车生产线投产，采用标准化生产，制造的造型、色彩虽然单一，但在供不应求的市场状况下，福特汽车从1914年的100万辆仅通过10年的发展就达到了1200万辆，并且占据了全美汽车市场的60%，全球汽车市场的50%。而通用汽车公司在1925年的总产量仅为全球汽车市场的12.7%，但通过采用差异化生产以及准确的定位，采用了多种颜色的策略，如图5.3所示，逐渐扩大了市场，终于一举超越福特，成为世界第一大汽车生产企业。

图5.3 通用粉红色车型

“定位”(Positioning)的概念最早见于艾尔·里斯和杰克·特劳特在《工业营销》杂志1969年6月发表的一篇论文。1972年，他们又为美国专业刊物《广告时代》撰写了题为《定位时代》的系列文章，指出：“定位来源于零售商品领域，在那里被称为产品定位。

这个概念在书面上是指与竞争者相比较的产品形式、包装大小和价格。”“今天我们进入了意识到产品和企业形象的重要性的时代，但是最重要的是根据潜在顾客的需求在他们的心目中创造出一个位置”。他们认为，定位起始于产品，一件商品、一项服务、一家企业、一个机构，甚至一个人。定位并不是要对产品本身做什么事，而是对潜在顾客的心理采取行动，即把产品在潜在顾客的心中确定一个适当的位置。美国营销学家菲利普·科特勒博士认为：“定位是指一个企业通过设计出自己的产品形象，从而在目标顾客的心中确定与众不同的有价值的地位。”

从设计实践层面上来看，产品定位中的色彩定位是一个相当复杂的过程，定位不仅要通过复杂的调查和分析来掌握消费者的心理，而且还要认真研究产品本身的特点，从而使产品的心理定位与相应产品的功能、利益相匹配。除此之外，定位还需要企业认真进行市场研究、定位策划、产品开发，并需要其他相关部门的配合。可以说在当今激烈的市场竞争中，定位的成功与否关系到一个企业的生死存亡，一个成功的定位就标志着成功的开始和延续。定位从其内涵来讲是很简单的，就是为了在消费者心目中占据有利的位置。而这种有利的位置是相对于竞争对手而言的，因此定位还要研究竞争对手的优势、劣势，从而做到有的放矢，事半功倍。

上述的介绍表明，产品定位的重点必须以消费者——人的需求出发，人本主义是产品定位的基本准则。人们的需求多种多样、千变万化，尽管如此，产品定位还是有基本规律可循的，这个基本规律就是服从消费者对商品基本的价值判断。基本价值包括商品的功能、外观、价格和品质，如图5.4所示。

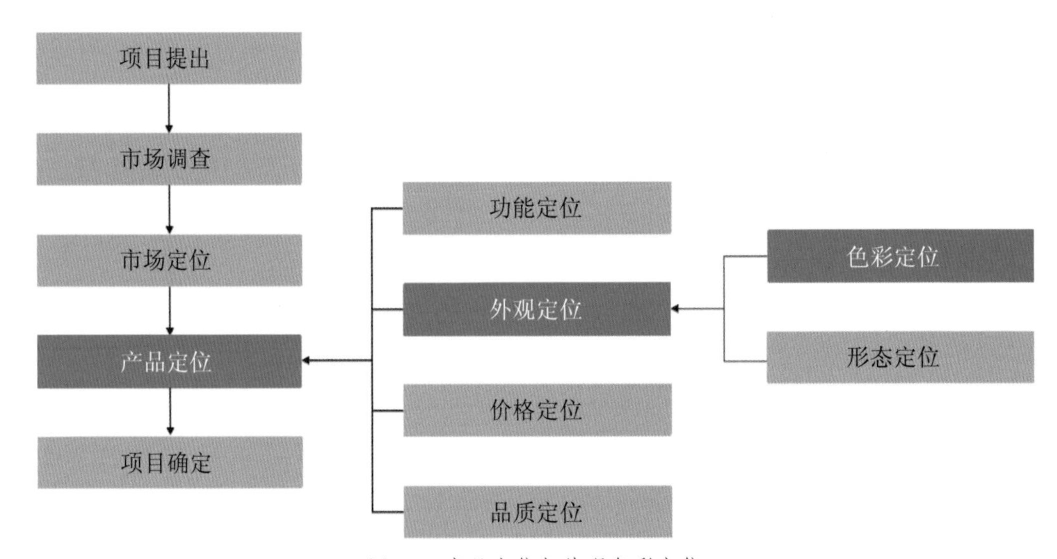

图5.4　产品定位与外观色彩定位

功能、外观、价格和品质是人们对商品价值判断的最基本的四大要素，四位一体，同生同在，不可剔除。

企业的产品不能适应这四大要素及其因人而异、因时而变的特点，就不能成为商品。

产品定位必须依据消费者对四大要素的认同程度而行。

(1) 功能是实现产品的首要条件，产品的功能就是为人提供某种服务。商品的发展史就是产品服务功能不断丰富的历史，商品世界就是为人们进行物化服务的有机组合。产品的功能从某一种角度可分为基本功能、发展功能、附加功能等。基本功能的发展史推动产品创新的动力，而新技术、新材料的出现是基本功能发展的前提条件，如电能的应用技术出现以后，才会出现电灯，其后伴随其他新技术的应用相继出现，如电报、电话、收音机、电视机、电冰箱等为人类提供新的服务的产品。这些产品的问世意味着市场无限广阔的空间，因为它创造了为人服务的一种新方式。发展功能是指原有基本功能扩大了服务范围，如传统的竹骨油纸伞的功能是挡雨，当钢骨布伞出现之后，伞的遮阳功能便出现了，近年来用特殊面料制成的防紫外线伞，其功能更是进一步发展。基本功能的每一步发展都意味着市场的扩大。附加功能是产品在提供基本服务之外，又附加其他服务功能，如腕表，基本功能是计时，但后来出现的日历表、能测试血压的电子表等，都是附加服务功能。基本功能、发展功能和附加功能都存在着功能细分化和综合化两种发展趋势。秒表、双时表是基本功能细分化的例子，手机集短信、上网、录音、摄像等功能于一体是综合化发展的例子。

(2) 外观是任何产品与生俱来的因素。产品的外观造型绝大多数是由产品功能决定的，汽车与计算机的功能不同，其外观就不可能相同。产品外观由于多样化的形态和色彩而呈现出外观上的差异化。追求外观款式是人的审美观和文化观的必然取向。外观的美观同时也能提升产品的品质。在价值取向多元化、消费取向个性化的时代，在产品的功能、品质相对一致的情况下，外观的差异已经成为人们追求的重要目标之一。

(3) 价位是生产企业为产品进入市场的价格定位。由于社会各阶层的收入水平不一，人们消费的价位取向也不相同。在经济较发达地区，消费者层次大致可分为大众型、小康型、富裕型和豪华型。对同一功能产品，四者的取向差别迥异，从物美价廉型到高级豪华型均备，为消费者各取所好提供方便。

(4) 品质是产品服务功能的延伸，它包括可信度、精美度、适用度等因素。可信度是产品是否能真实地提供它所标定的服务内容和在预期的时间内能否保持它的真实的服务功能；产品的可信度是其服务功能的内在表现形式，是需要时间来验证的。产品的可信度是

产品的生命，是创造品牌商品最重要的前提。产品的精美度是产品品质的外在表现形式，在大多数情况下，它是能够通过人的感官直接感知的。由于精美度是在产品加工过程中形成的，是加工工艺的外部凝结成果，因而高精美度增加了产品的可信度。适用度的含义非常广泛，如笔记本计算机的便携性、带遥控器电视机的方便性、沙发座椅的舒适性等。产品的适用性体现了物化服务的人性化特点。

产品色彩定位是产品外观定位的一个方面，因此色彩定位和其他3个定位也存在着必然的联系。从功能定位来讲，人们必须要考虑功能和色彩之间的关系，如一些机械产品需要黄色等醒目的色彩来提醒使用者的注意度；从产品的价格定位来看，不同价格的产品也存在着不同的颜色要求；而针对产品品质，则需要色彩实现技术来保证产品的色彩品质。

色彩是产品的重要组成部分，产品定位必须要考虑色彩方面的因素，而色彩定位也必须以产品定位理论为依据。因此在下面的描述中涉及了一些产品定位的内容，这些内容同样适合产品的色彩定位，而且也属于产品色彩营销理论的内容。

5.3 产品设计色彩定位原则

1. 准确性原则

一个企业的产品能否得到消费者的认知，一个主要的方面就是如何把定位的信息正确地传递给消费者，并尽力贴近消费者的生活，让他们产生亲近感、认同感、信任感，从而接受产品、喜爱产品，最后形成对产品的认知。其次，定位的利益点要与消费者关心与认知的利益点一致，并尽可能最大限度满足消费者最关心的利益点，只有这样才能引起消费者的共鸣和认知。产品定位的准确性有时候并不仅仅停留在产品上，还需要产品定位之前的市场细分和目标市场定位的准确性来确保产品定位的有效性，如果其中的一个环节发生了错误，那么连带的产品定位也会发生错误。

从产品色彩方面来讲，产品色彩定位也就是必须把准确的色彩信息传递给目标消费群，让消费者产生较大的认同感和信任感。它的准确性同样需要准确的目标市场定位来确保。

2. 适应性原则

产品色彩定位与消费者的需求相适应。消费者的需求是多种多样的，企业对市场进行细分，确定目标消费群，通过对目标消费者的需求进行分析，以及对竞争者产品的市场地位进行分析，来保证自己的产品色彩可以最大限度地满足消费者的需求。

产品色彩定位与营销目标相适应。每一个企业都想通过生产适销对路的产品来获取企业最大的经济效益，但是有时企业在开发新产品时，虽然适合特定的目标群，但市场容量有限，不可能给企业带来较大的利润，这样就难以适应企业的整体营销目标。这就需要企业在产品开发前，要进行深入细致的市场调查，对市场的潜在容量和市场的接受容量进行认真的预测与调研，使产品色彩的定位与企业的理想利润相适应。

3. 独特性原则

独特性包括两个方面的含义：一是独特的差异点，即自己产品有、其他竞争者没有(或较弱)的特点；二是由企业提出一种具有独特吸引力的主张，即企业在对产品难以找出差异时，提出竞争者未曾提出的主张，并引导消费者从企业提出的观点去衡量产品的优劣。如果竞争者的定位刚传播给消费者，还未与消费者完全沟通，品牌形象还没被消费者认可时，企业可以抢先采取营销策略树立这一定位，并在消费者心目中树立起强而有力的品牌形象。就产品色彩方面而言，独特性原则就是通过色彩来实现与其他竞争者产品的差异。

4. 长期性与一致性原则

定位是一种对消费者印象与认知的长期累积，一旦确立了定位，除非有特殊情况发生必须加以改变，否则一定要保持定位的长期性与一致性。不然，轻易改变定位的结果，可能既损害产品的形象，使消费者产生混淆，又可能使竞争者乘虚而入，抢占原来的市场份额。因此，一旦确立了企业与产品的色彩形象，就不能轻易地进行改变，即使改变也要采用有计划的、逐渐的方式来进行。但是针对时尚型的产品，还需要根据色彩的流行进行适时地调整和改变，并且还要通过不同的色彩来形成系列化，以取悦不同色彩喜好的消费者。

5.4 产品设计色彩定位依据及方法

产品设计中的色彩定位是一项非常复杂的工作。美是色彩设计的基础，但除了美学意义上的色彩设计外，它还牵涉到决定产品色彩的很多方面：在不同的时代背景下产品色彩的流行是不同的，不同的区域或民族或国家对色彩的认同上也存在着差异，在不同的环境下使用的产品色彩也是不同的，给不同的消费者使用的产品色彩还是不同的，不同属性的产品也需要有不同的色彩，而在企业中还要考虑企业的标识性和企业的品牌形象色彩等。面对这些不同或差异，企业在产品开发中必须要考虑各方面的因素来给产品的色彩给出详细的定位策略，而这些定位策略将能正确引导设计师赋予产品准确的色彩。

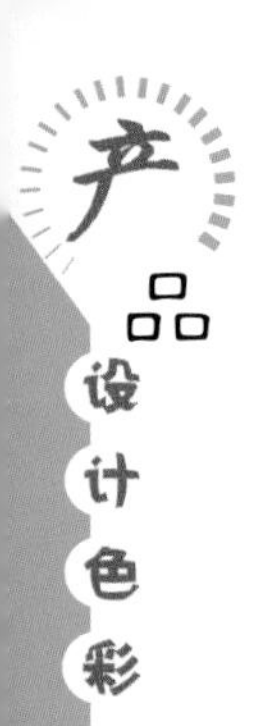

虽然工业产品种类繁多、造型各异、功能特点不同，但在色彩设计上均有着共同的设计定位依据。为了便于与市场调查的内容直接相关联，下面将根据产品属性、消费者、企业整体形象、流行时尚和竞争对手5个方面来说明产品色彩定位必须要依据的主要因素。

5.4.1 根据产品属性的定位

1. 根据产品发展阶段定位

企业产品进入市场后就成为商品。一般来说，虽然商品的寿命有长有短，但任何商品都有其盛衰期。按照产品的发展阶段来划分，产品的生命可以分为初生期、成长期、稳定期、成熟期、过熟期和衰退期，见表5-1。在产品的不同阶段所应用的色彩设计策略是有所不同的。在初生期和成长期，配色主要突出产品的功能性特点，形象要明晰、易于接受辨认，这样有助于扩大产品的认知度。在成熟期和衰退期，色彩设计采取挖掘市场潜力的策略，可以用修改色彩体系的方式延长产品线，如增加色彩设计方案、采用流行色等方式。

表5-1 产品色彩的发展阶段(韩国IRI色彩研究所)

	初生期	成长期	稳定期	成熟期	过熟期	衰退与投入期
产品的发展	性能第一	差别化、专门化、复杂化	多样化	细分化、个性化	新的认知和技术	旧产品的衰退和新产品的投入
设计的发展	黑色和无彩色系列的和材料本身的颜色，更看重产品的性能	对设计的认识，采用能强烈地体现出产品存在的基色	多样的涉及样式，把多种形象用多种颜色和外形表现出来	多样化的形象、个性的形象、融合嗜好的形象和流行意识	开始表现出文化、风土、环境等地域性因素、品牌形象	
色彩	材料本身的颜色	红色、黄色、蓝色等基本色	多样的色调和色彩	色彩的搭配和时代感	色彩的多样与个性	

(1) 商品的初生期：消费者所关心的是商品的性能及其功能，对商品的色彩上不着力挑选。从提供商品的生产者角度来说，其着重点仍放在质量方面，不太讲究颜色，这时的商品往往采用单一的颜色。

(2) 商品的成长期：同类商品多了，开始出现竞争局面，这时生产者就想方设法提高自己产品的性能，以此增强竞争力，并开始讲究产品的颜色。一般采用黄、红、蓝3种颜色，即所谓原色为主体。这时商品的普及面也较广泛，即商品进入了大众化的第一步。

(3) 商品稳定期：根据商品的形象及销售的时间、地点、使用场合决定商品的颜色，这时色彩设计要强调商品的时代感和给人以高级而文雅的印象。

(4) 商品的成熟期：商品的颜色要根据当时的流行趋势、个性化流行特点、生活条件及环境等变化而决定。当然对出口商品要按出口地区决定颜色。

(5) 商品的过熟期：这时商品的普及率已相当高，人们对这种商品的要求就更高了，于是商品就必须具有时代感。具体来说，商品的个性化有极其明显的特点，使它能适应各地区、各阶层和各种年龄者的需要。

(6) 商品的衰退与投入期：这时是随着产品技术的发展，利用新的概念和计划，把产品周期引入新的阶段的时期。在这个时期会制造出重新进入初生期的新产品周期。

2. 根据产品功能用途定位

色彩设计与产品的功能关系十分密切，使色彩配置与产品的形态、结构、功能要求达到和谐统一，是色彩设计成功的重要标志，如消防车都采用红色为主体色调。这是因为红色让人联想到火，红色有很好的注目性和远视效果，使消防车畅行无阻；同时红色能振奋人的精神、激发人的斗志。因此，消防车采用红色充分发挥了其功能作用，如图5.5所示。

图5.5　红色的消防车

家用空调、冰箱等工业产品，其功能是降温和保鲜，宜采用浅而明亮的冷色。卫生用具和医疗器械采用浅色；农业机械采用纯度较高的绿色、红色或者蓝色，如图5.6所示；军用产品采用隐蔽自己、欺骗敌人的迷彩色和绿色，如图5.7所示；工程机械为了安全和引人注目，采用明度较高、纯度较低的黄色和橙色为主色调；为了能让人直观地感受到水彩笔的色彩特点，直接把该色彩赋予在水彩笔上等，都是从产品的功能特征和色彩的功能作用相结合起来的选择。

图5.6　以绿色为主色调的拖拉机

图5.7　具有隐蔽性的军用卡车

3. 根据产品使用环境的定位

色彩设计不应囿于产品本身，而应着眼于整个环境，使产品的主色调与周围环境相协调，并成为环境中的有机组成部分，给人们创造一个良好的色彩环境，使人心情舒畅、工作愉快、安全生产、提高效率。

1) 自然环境

自然环境是设计师首要考虑的产品色彩基调的主要因素。在炎热的工作环境下，产品色调应给人以清凉、沉静、安定的感觉，宜采用纯度低、明度高的冷色为主色调；在寒冷的工作环境，产品色调应给人以温暖的感觉，宜采用纯度高、明度低的暖色为主色调。

2) 工业环境

(1) 作业环境：作业环境影响工业产品的色彩，如在户外工作的运输、建筑等工程机械，为了能在环境色中显现出来，使其具有很好的视认度和关注感，宜采用纯度和明度高、与背景色有强烈对比的色彩，如黄、橙、红。另外，还可采用对比强烈的复合色彩，或添加必要的装饰色带，以增加动感。至于在室内使用的工业产品，如医疗卫生设备，宜采用浅淡、明快、柔和的冷色调或暖色调，以便能及时发现脏污，进行清洗，同时也使病人感到安全、亲切。

(2) 照明环境：作业场所的照明环境有自然光和人工照明。产品的本色只有在自然光的条件下才会不失真地显示出来，而人工照明环境中，产品的色彩会因光色的效果不同而有所变化。所以设计师应考虑照明光源的显色性、色温及照度对配色的影响。只有将产品色彩与照明环境协调统一起来，才可以获得预期的色彩效果，更好地发挥色彩的功能。

(3) 噪声环境：为了给人以宁静、柔和的感觉，宜采用纯度低、明度适中的冷色调。绿色工作环境能“降低”噪声的效果，保护工人的听力。所以噪声较强烈的工作环境里，墙面宜采用浅绿色调。

5.4.2 根据消费者的定位

根据目标消费者定位是指将目标消费者通过市场细分成不同的群体，分别根据消费群体的特点进行色彩设计，以便更好地适应市场需求。根据消费者的定位一般可以从以下几个方面来进行。

1. 根据年龄段定位

中老年人因其生活背景和年龄性格的因素，色彩的倾向应以庄重、沉稳、高雅、平和色调为主。青年人属于消费中的主力群体，他们对于新生事物敏感、需求高，且具多样性。针对这个群体的色彩定位应是强烈的、标新立异的、热情奔放的色彩系列。但由于该群体受教育的程度较高，所以在上述色彩的搭配上，应有脱俗的感觉。少年儿童也是一个主要的消费群体，他们求知欲强、玩心重，对一切新鲜事物感兴趣，他们使用的产品色彩定位，应是以简单、明快、趣味性强的颜色为主，视觉冲击力强，并具有快捷明了的色彩表达能力，以求在第一时间紧紧抓住消费者的心理。

2. 根据性别定位

众所周知，男女在色彩的喜好上差异很大，一般男性喜欢阳刚的、沉稳的、冷色调的、粗犷特性的色彩，而女性则更多地喜欢柔软的、明亮的、暖色调的、典雅的、华美的色彩。因此，在色彩定位中，特别是针对性别倾向性很大的产品，必须要按照使用者的性别来进行定位。但是有些产品为了使男女都适合，往往采用不同的色彩来形成产品系列化。

3. 根据文化层次的定位

接受过高等教育的消费者是一个较为特殊的消费群体，文化层次高，追求情感上和精神上的享受，追求完美，对于品质的要求很高，有较强的支付能力。对于这一类消费群体，色彩定位应以品位高雅、个性化、精致的色彩组合为主，不落入俗套，同时应有文化的氛围，以传达出一种与众不同的优越感的信息给消费者。

4. 根据另类群体（个性）定位

这也是特殊的消费群体，他们在性格及行为上我行我素，不以公众认同的审美标准为准则，甚至反其道而行之，有鲜明的个性，追求与众不同、标新立异。针对这部分消费群体的色彩定位，应以夸张的、无规范的、抽象的色调为主。现在，随着产品种类不断丰富，以及这部分消费群体队伍的不断扩大，企业为了寻求产品的差异化，使得很多产品打破了功能性等因素的约束，加入到了追求个性的行列。比如现在很多空调、冰箱等产品，从原先以清一色的明亮色、冷色系，逐渐渗透了个性化的色彩、图案，甚至出现了大片的暖色调。

5.4.3 根据企业整体形象的定位

产品色彩在设计中常常用来表达一定的象征意义，它不仅表示单个产品的功能、使用、色彩形象等属性，而且还与产品本身的造型形象相适应，它往往反映产品的群体形象，甚至关系到企业的品牌形象和理念。也就是说，产品色彩是企业品牌形象战略的重要组成部分，产品色彩的设计必须要考虑企业品牌的整体形象。

从品牌体验的过程来看，消费者感受、认知品牌概念和企业价值文化等产品内在意

义的过程不是自发的，更多的是通过产品、广告、包装以及标识等视觉形象的认知而诱发的，产品色彩作为产品视觉形象的重要组成部分，和功能、形态、材料等一起，是构筑产品品牌个性识别特征的关键所在。通过这些因素所具有的特定力量不断被感知，为消费者创造出从产品视觉形象到企业品牌形象的情景式体验过程，从而构筑了被消费者普遍认同的良好的品牌形象。

基于品牌形象稳定传播的需要，产品色彩也应该具有相对固定的配合或一定的原则。总体而言，为产品设定稳定、持续或渐进的色彩，和适当数量的颜色配合，通过同一色系来统一企业旗下不同种类、不同型号的产品，形成横向的系列产品群，使产品具有家族性的整体感，从而达到较好的个性和统一。这在提高生产效率降低成本的同时，更能在充满竞争的市场上有效地保持产品视觉形象的延续性和识别性，强化品牌的个性特征，增强产品的整体竞争力。如IBM的计算机产品一贯以黑色为主色调，配上三原色的细节设计及“IBM”字母标志，长期以来逐渐形成了其特有的产品色彩形象。这种色彩搭配简洁而富有特定内涵，黑色即代表了IBM产品的稳定和高科技、稳重和大气，凸显了该品牌在业界的领袖地位。因此，设计师对色彩的关注和设计不应仅仅停留在设计产品本身上，更需要充分考虑企业长期以来所形成的品牌形象，只有把产品色彩提升到品牌形象的系统层面上思考，通过对产品色彩的精心规划，力求体现产品和企业的品质，才能强化品牌形象，从而起到色彩应有的作用。

许多国际性企业正是注意到产品色彩是企业产品设计策略和整体品牌形象规划的重要因素，如宝马、诺基亚、西门子和飞利浦等都有内部专业的设计团队以及和一些著名的设计咨询机构协作，为它们新产品的色彩进行准确定位，并且在平衡新的色彩流行趋势与品牌形象定位之间的关系上，提供整体的色彩设计和指导，以保证产品色彩设计始终与各自产品、品牌形象保持一定的关联性和持续性。英国Global Color Research公司、荷兰Metropolitan：BV公司、美国Pantone公司、日本立邦公司等都是经常为这些企业提供色彩设计咨询的合作伙伴。

5.4.4 根据流行时尚的定位

随着色彩越来越被消费者所重视，以及消费者所体现出来的从众心理，流行色已经成为商业竞争的必要手段，它既能适应消费，又能引导消费、促进消费。色彩自身的显现必须与设计物结合在一起，依附于商品才能产生效果和发挥作用。在国内外采用流行色的商品不仅易于销售，而且可以卖出好的价钱，与相同质量、规格、款式但色彩过时的商品相比，售价的差距竟达数倍，甚至十倍、数十倍之多。因此，许多大企业通过对流行色彩的研究，来引领市场从而占据较大的市场份额。

特别在时尚消费品领域，如电子产品、汽车、家电、箱包、饰品等，由于产品流行时尚的特点，色彩设计占有重要的地位。因此，企业需密切追踪市场的色彩嗜好，预测色彩的流行趋势，根据预测或权威部门发布的流行色不断改进产品的色彩，使产品色彩始终满足人们对色彩爱好的变化，以符合时代潮流，从而使产品受到市场的欢迎。

5.4.5 根据竞争对手的定位

在企业把产品投放到已经确定了的目标市场后，往往会面临着来自目标市场的竞争对手的各种竞争，如价格的竞争、产品服务的竞争、产品造型及功能的竞争等。从色彩来讲，根据竞争对手的定位是指根据企业自身的状况和市场竞争的态势调整色彩设计策略，一般通常采用与竞争对手进行对峙或回避的定位方法，即逆向定位法。逆向定位法就是从竞争者出发，首先调查了解市场上竞争对手的产品定位情况，然后根据对手的定位再确定自己产品市场位置的一种方法。

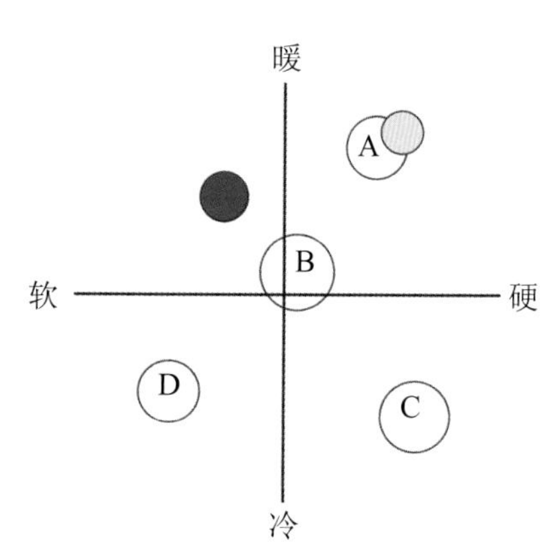

图5.8 根据色彩意象尺度图的对峙与回避定位方法

1. 对峙性定位

对峙性定位也称针锋相对定位，把自己的产品投放到竞争对手产品的市场位置上，与其针锋相对，直接竞争同一消费者。如图5.8所示，靠近A的黄色区域就意味着要与A形成竞争和对峙。

2. 回避性定位

企业尽可能回避与目标市场上竞争者直接对抗，将其产品定位在市场的空白领域，开发销售市场上没有的某种特色产品。从产品色彩来讲，就是实现产品色彩的差异化。如图5.8中的红色区域，表示该产品回避了与A、B、C、D的直接竞争，而这种定位方式将产生市场风险，同时也存在着市场机遇，属于开拓性的定位方式。

除上述定位依据和方法外，企业经营者还可根据使用上述各种方法之间的组合，或另辟蹊径来定位，从而提高企业竞争力。

产品色彩定位的结果一般采用报告的形式，给出产品色彩定位的实际调查依据和理论依据，并通过这些依据设定色彩定位的具体内容，最后递交上级部门提出修改意见或最终决策。

单元训练和作业

【单元训练】

分别分析图5.9的产品色彩定位成功和失败的因素，得出这些产品设计色彩的定位原则、产品设计色彩的定位依据及方法。总结这些产品设计色彩定位的经验和教训，由老师指定其中一类产品进行实例分析，并给出其中一类产品的线性设计草稿，由学生完成产品设计色彩定位方案若干，并写出相应的设计说明，要求图文并茂、逻辑严谨、实用性强，最终汇总成产品设计色彩定位报告。

图5.9　产品色彩

【思考题】

■ 如何进行产品定位与产品设计色彩定位?

■ 产品设计色彩定位原则有哪些?

■ 产品设计色彩定位的依据及方法是什么?

本 章 小 结

一件成功的工业设计产品，设计定位是它的关键。所谓的设计定位，实际上就是当人们构思一件产品设计时，除了它的使用功能、基本结构特点外，应当明确该产品使用的对象、销售的地区、适应何种文化层次的消费群体等基本情况，然后根据消费者的喜好设计出他们所能接受的产品。简单地说就是给所设计的产品在市场上确定一个位置，给所销售的产品确定一个方向。

第6章　产品设计色彩心理属性

本章概述：

本章从产品设计色彩心理透过视觉开始，从知觉、动因而到记忆、思想、意志、象征、好恶、行为等，其反应与变化是极为复杂的。产品设计色彩的应用很重视这种因果关系，即由对色彩的经验积累而变成对色彩的心理规范，当受到什么刺激后能产生什么反应，都是产品设计色彩心理所要探讨的内容。同时，产品设计色彩要深入地研究消费者心理，了解、掌握影响消费者购买行为的心理活动，要处处体现以消费者为中心的设计思想，从而达到最佳色彩效果。产品设计中没有意念的色彩设计，无异于一具空有漂亮外表的躯壳。只有把心理因素融入色彩设计中，整个设计才有灵魂，色彩才能向观众传情达意。

训练要求和目标：

本章主要讲解产品色彩在人们心里如何产生影响。

本章主要学习以下内容。

- 产品设计色彩的知觉效果
- 产品设计色彩的动因效果
- 产品设计色彩的好恶效果
- 产品设计色彩的行为效果

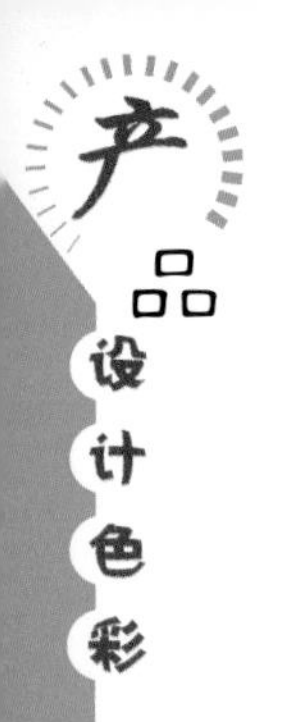

6.1　产品设计色彩的知觉效果

通过对图6.1的产品的设计色彩进行分析得出，产品设计色彩确定之时是有动因的，并存在着消费者好恶观念的影响，同时也是产品设计色彩的行为效果，这就是本章主要学习内容的要点所在。

图6.1　产品的色彩

色彩心理是客观世界的主观反映。不同波长的光作用于人的视觉器官而产生色感时，必然导致人产生某种带有情感的心理活动。事实上，色彩生理和色彩心理过程是同时交叉进行的，它们之间既相互联系，又相互制约。在有一定的生理变化时，就会产生一定的心理活动；在有一定的心理活动时，也会产生一定的生理变化。

色彩对人们的知觉会产生各种不同的作用，由于色彩刺激的种类不一，所引起的程度、过程和结果的状况也会各不相同。简单地可以划分为：①色彩的视认作用，包括色彩的明视度、可读性以及注目性等；②色彩的判断作用，比如人的眼睛通过色彩对物体的轻重感知判断、温度感知判断、伸缩感或远近感知判断等。

6.1.1　色彩心理感受

1. 色彩心理感受形式

色彩心理感受是因人的生理、生活、环境和色彩物理特性等因素产生的感情。如红、橙、黄色调，低明度和高纯度色调给人温暖的感觉；蓝色调，高明度与低纯度色调给人寒冷的感觉；明度、纯度高的色调，强对比的色调给人愉快的感受，反之给人忧郁的感觉。这些都是因色彩而引起的人的心理效应。

1) 色彩的冷、暖感

色彩本身并无冷暖的温度差别，是视觉色彩引起人们对冷暖感觉的心理联想。

暖色：人们见到红、红橙、橙、黄橙、红紫等色后，马上联想到太阳、火焰、热血等物像，产生温暖、热烈、危险等感觉。

冷色：人们见到蓝、蓝紫、蓝绿等色后，则很容易联想到太空、冰雪、海洋等物像，产生寒冷、理智、平静等感觉。

人们往往用不同的词汇表述色彩的冷暖感觉，暖色——阳光、不透明、刺激的、稠密、深的、近的、重的、男性的、强性的、干的、感情的、方角的、直线型、扩大、稳定、热烈、活泼、开放等。冷色——阴影、透明、镇静的、稀薄的、淡的、远的、轻的、女性的、微弱的、湿的、理智的、圆滑、曲线型、缩小、流动、冷静、文雅、保守等。

中性色：绿色和紫色是中性色。黄绿、蓝、蓝绿等色，使人联想到草、树等植物，产生青春、生命、和平等感觉。紫、蓝紫等色使人联想到花卉、水晶等稀贵物品，故易产生高贵、神秘的感觉。至于黄色，一般被认为是暖色，因为它使人联想起阳光、光明等，但也有人视它为中性色，当然，同属黄色相，柠檬黄显然偏冷，而中黄则感觉偏暖。

2) 色彩的轻、重感

色彩的轻、重感主要与色彩的明度有关。明度高的色彩产生轻柔、飘浮、上升、敏捷、灵活等感觉，明度低的色彩易使人产生沉重、稳定、降落等感觉。

3) 色彩的软、硬感

色彩的软、硬感主要也来自色彩的明度，与纯度亦有关系。明度越高感觉越软，明度越低则感觉越硬，但白色反而软感略高。明度高、纯度低的色彩有软感，中纯度的色也呈柔感，因为它们易使人联想起骆驼、狐狸、猫、狗等好多动物的皮毛，还有毛呢、绒织物等。高纯度和低纯度的色彩都呈硬感，若它们明度又低则硬感更明显。色相与色彩的软硬感几乎无关。

图6.2 数控机床的色彩搭配

图6.2为某品牌的数控机床，采用的是浅灰、深灰与橘黄三套色，其深灰色基座的坚硬感与浅灰色部位的柔和、亲切感形成了较为强烈的对比，体现了产品的性能特征。为了满足加工时的视觉要求，应保证机床主体色与加工材料色有一定的对比。设计者将机床加工部分的配色与加工材料的色调表现出较为坚硬与较为柔软的对比，这样有利于营造一种使操作者保持协调的心理状态，从而获得十分理想的整体色彩效果以及协调统一的人机关系。

4) 色彩的前、后感

各种不同波长的色彩在人眼视网膜上的成像有前后，红、橙等光波长的色在后面成像，感觉比较迫近；蓝、紫等光波短的色则在外侧成像，在同样距离内感觉就比较后退。

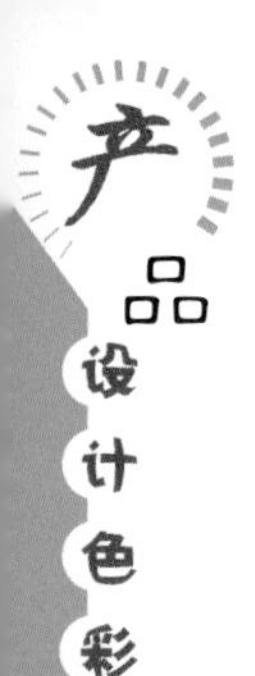

实际上这是视觉上错觉的一种现象，一般暖色、纯色、高明度色、强烈对比色、大面积色、集中色等有前进感觉，相反，冷色、浊色、低明度色、弱对比色、小面积色、分散色等有后退感觉。

色彩的前、后感在产品设计中有着广泛的应用，例如机床的操作件(如手柄、手轮、按键等)是操作者手眼经常接触的部位，宜采用与背景色对比较强、醒目、有亲近感的颜色。图6.3为某型号数控机床，其主体色为果绿，设计者通过明度与纯度的适当变化与色彩的对比处理，强调重点部位，使核心的工作部位有凸出感，与操作者关系更接近，而机床的下部及附件等次要部分有凹进感，表明了辅助功能的特征。这样既使主体部分的色调突出、鲜明，增加了空间层次，又获得了舒适、协调的整体色彩效果。

5) 色彩的大、小感

由于色彩有前后的感觉，因而暖色、高明度色等有扩大、膨胀感，冷色、低明度色等有显小、收缩感。

图6.3　数控机床

图6.4　数控弯折机

图6.4为一台数控弯折机，其主体构成的形体组合关系简单，设计者采用灰色为其主机的主色调，并用浅灰色、深紫色两套色左右分色处理，使其造型显得高耸挺拔，增强了形体色彩的立体效果，同时，在色彩配置上注重将深紫色的面积取大些，而浅灰色面积取小些，从而获得了色彩的整体均衡效果。

6) 色彩的华丽、质朴感

色彩的三要素对华丽及质朴感都有影响，其中纯度影响关系最大。明度高、纯度高的色彩感觉华丽、辉煌，明度低、纯度低的色彩感觉质朴、典雅。如果带上光泽，都能获得华丽的效果。

7) 色彩的活泼、庄重感

暖色、高纯度色、丰富多彩色、强对比色感觉跳跃、活泼、有朝气，冷色、低纯度色、低明度色感觉庄重、严肃。

8) 色彩的兴奋与沉静感

色彩的兴奋与沉静感影响最明显的是色相，红、橙、黄等鲜艳而明亮的色彩给人以兴奋感，蓝、蓝绿、蓝紫等色使人感到沉着、平静。绿和紫为中性色，没有这种感觉。纯度的影响关系也很大，高纯度色给人以兴奋感，低纯度色给人以沉静感。最后是明度，高明度、高纯度的色彩呈兴奋感，低明度、低纯度的色彩呈沉静感。

2. 因人而异的色彩心理感受

人的性别、年龄、职业、信仰不同，对色彩也会有不同的喜好。儿童幼稚、天真、思维不成熟，往往只欣赏一些最简单、最鲜艳、最明快活泼的色彩。青年人有了一定欣赏能力和经济条件，喜欢并享受一些较复杂和丰富多彩的时髦色彩。老年人经验与阅历丰富，他们较多地选择庄重、朴素、沉着、含蓄、冷调的色彩。男性喜欢明快、稳定、坚实的色彩，女性喜欢热情、奔放、华丽的色彩。

3. 世界各地区、各国家人们的色彩心理感受

各个国家、民族、地区由于社会政治状况、民间风俗、经济生活条件、自然环境影响所形成的特点不同，人们在性格、爱好、习惯上也不尽相同，他们对色彩有不同的理解，对色彩的审美需求也有异同。

工业产品的色彩设计，无论是产品本身还是包装与商标设计，都要研究色彩的适应性，要尊重不同地区人们对色彩的爱恶特性，投其所好、避其所忌，才能使产品适应国内外市场的需求。例如在我国汉族以红色表示喜庆，黑白用于丧事；而藏族以白、黑、红、橘黄、紫表示尊敬，淡黄、绿色调则是禁忌色调。又例如印度人以绿、橙、红色表示生命、活力和朝气，而忌讳用黑、白、紫；在巴西人们喜好用红色，而认为紫色表示悲伤，黄色表示失望、不幸。因此，了解我国一些民族和其他一些国家对色彩的爱忌情况是获得优秀的色彩设计产品所必要的。

6.1.2 色彩心理联想

色彩的联想带有情绪性的表现。它受到观察者年龄、性别、性格、文化、教养、职业、民族、宗教、生活环境、时代背景、生活经历等各方面因素的影响，色彩的联想有具象和抽象两种。

(1) 具象联想：人们看到某种色彩后，会联想到自然界、生活中某些相关的事物。

(2) 抽象联想：人们看到某种色彩后，会联想到理智、高贵等某些抽象概念。一般来说，儿童多具有具象联想，成年人具有较多抽象联想。

6.2 产品设计色彩的动因效果

视觉机能能否做到有机配合不但影响到画家的色彩感觉的再现，也影响到画家的色彩感情表达及色彩想象的丰富程度。现代生理学研究表明，人的情绪反映在很大程度上取决于人的下丘脑、边缘系统、脑干网状的机能，情绪和情感受大脑皮层的抑制和调节，下丘脑在情绪反映中起着重要作用，边缘系统参与情绪体验的产生，调节心血管的血压、瞳孔等。人的感情色彩和情绪反应很大程度上依赖于网状结构的状态。

作为一个艺术家，要主动开发自身生命活力，在自己的艺术创造过程中不断地敏锐自己的色彩感觉，尽量克服由于视觉机能的衰退而导致的绘画色彩个性的淡化。人的视觉生理机能和谐互动的程度决定色彩感觉敏锐的程度。优秀的艺术家在色彩感觉敏锐的基础上进行艺术创造，在艺术创造过程中又不断强化自己的视觉机能，使自己的色彩感觉不断地变敏锐。艺术家只有采取不断发现的态度，调动眼、脑与手的和谐互动，才能创造出色彩个性鲜明的绘画作品。

最后，全面审美的视知觉有机创造是影响绘画色彩个性的心理学动因。鲁道夫・阿恩海姆在论述视知觉概念时认为，有机体的知觉能力，是随着能够逐渐把握外部事物的突出结构特征而发展起来的；视知觉不是一个从个别到一般的活动过程，视知觉从一开始把握的材料，就是事物的粗略结构特征，对于材料的把握，是由一种比负责简单地记录个别细节的能力更低级和更为直接的能力完成的；知觉过程就是形成“知觉概念”的过程。而所谓视知觉就是“通过创造一种与刺激材料的性质相对应的一般形式结构，来感知眼前的原始材料的活动”。

心理学家通过试验表明人与人之间对色彩结构的视知觉创造是有差别的，而这种差别与人的个性有很大关系。阿恩海姆的《艺术与视知觉》中介绍了鲁奥沙赫在此方面的实验。鲁奥沙赫发现，情绪欢快的人一般容易对色彩起反应，而心情抑郁的人容易对形状起反应，对色彩反应占优势的人受到刺激时一般很敏感，因此很容易受到外来影响，表现得情绪不稳定，高低起伏，易于外露；而那些对形状起反应的人，则大都具有内向的性格，他们对冲动有着强烈的控制能力，不会轻易动感情。

各种色彩都其独特的性格，简称色性。它们与人类的色彩生理、心理体验相联系，从而使客观存在的色彩仿佛有了复杂的性格。

1. 红色

红色的波长最长，感知度较高。它易使人感觉温暖、兴奋、活泼、热情、积极、希望、忠诚、健康、充实、饱满、幸福等向上的倾向，但有时也被认为是幼稚、原始、暴力、危险、卑俗的象征。

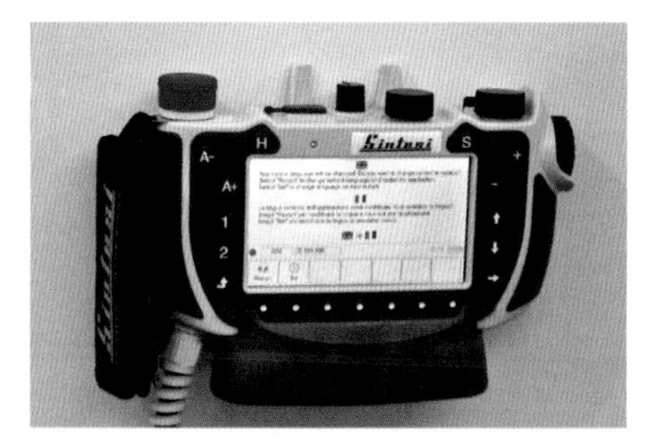

图6.5　手持终端控制设备

因为眼睛不适应红色光刺激和光波波长细微变化的分辨，易使人视觉疲劳；由于红色光波长，穿越空间时形成的折射角最小，在空气中辐射直线距离较远，因此在视网膜上成像位置最深，给视觉以迫近和扩张感，称为前进色。它在机电产品中用于机箱侧壁或机柜视平线以下部位，或用于主要文字、功能件等部位，如图6.5所示。

2. 橙色

橙与红同属暖色，它使人感觉活泼、华丽、辉煌、跃动、炽热、温情、甜蜜、愉快、幸福，但也有疑惑、嫉妒、伪诈等消极倾向性的感觉。

橙色是取暖设备、低温工作环境和设备的主调色。橙色具有黄色的醒目性和红色的强刺激性，令人兴奋，故常用于信号色和警戒色。机器中外露带有危险的部分，如齿轮、飞轮、机械手等宜采用橙色。橙色调与蓝色调是强对比色调，在机电产品上使用对比效果较好。若减弱纯度、增强明度，如浅橘黄与深蓝色对比或浅橘黄与深绿色对比等，可成为使用面广的色，如图6.6所示。

图6.6　控制面板

3. 黄色

黄色是所有色相中明度较高的色彩，具有轻快、光辉、透明、活泼、光明、辉煌、希望、功名、健康等印象，但过于明亮而显得刺眼，并且与其他色相混即易失去其原貌，故也有轻薄、不稳定、冷淡等不良含义。

与人贴近的轻工产品多采用黄色调。黄色光波的波长适中，对视觉的感觉良好，黄色适用于房间、生产车间的环境色，有利于工作者舒适、情绪饱满。由于黄色是高度原色，易于配置他色，也易争夺其他色的视觉效果，故黄色作为机电产品主调色除日本以外，很少采用，多数改变其纯度和明度，像黄灰、淡奶黄是当前仪器仪表的常用色。

4. 绿色

绿色最适应人眼的注视，有消除疲劳、调节功能。含灰的绿，如土绿、橄榄绿、咸菜

绿、墨绿等色彩，给人以成熟、老练、深沉的感觉。

绿色在许多色感方面都属于中性，温度感觉不冷不热，胀缩感觉不胀不缩，既不华丽又不消极。绿色是安全色，是安全、正常、通过的信号色。它常被用于邮政设施、轻工产品、纺织产品中。绿色调在机电产品中使用较多，一般作机箱主色调和面板色，如改变其明度和纯度，可使产品具有明快的协调效果。

5. 蓝色

与红、橙色相反，蓝色是典型的寒色，表示沉静、冷淡、理智、高深、透明等含义，又有象征高科技的强烈现代感。

在机电产品配色上，蓝与白或蓝与奶白是常用配置色，给人以开阔感，如图6.7所示。

图6.7　数控加工中心

6. 紫色

紫色具有神秘、高贵、优美、庄重、奢华的气质，有时也有孤寂、消极的感觉，尤其是较暗或含深灰的紫，易给人以不祥、腐朽的印象，但含浅灰的红紫或蓝紫色，却有着类似太空、宇宙色彩的神秘时代感，为现代生活广泛采用。在机电产品中，驼灰色或带紫调的灰色是国内外机电产品的常用色。

7. 黑色

黑色为无色相无纯度之色，给人感觉沉静、神秘、严肃、庄重、含蓄，另外，也易让人产生悲哀、恐怖、罪恶等消极印象。黑色的组合适应性极广，特别是鲜艳的纯色与其相配都能取得良好效果，但是不能大面积使用，否则会产生压抑、阴沉的恐怖感。

黑色的明度低，与白色对比性强，对光线的吸收性能好，对视觉无强刺激性。黑色常作为护目镜、光学仪器、照相器材的常用色。黑色容易让人联想到深夜和丧事，所以与人贴近的轻工产品不宜大面积使用黑色。

图6.8　以黑色和白色为主的数控机床

在机电产品中，黑色与其他色配置时，只要面积、位置处理得当，可产生或对比或调和的色调效果，故机电产品面板多用黑色为主调色，用白色、红色二色求得生动美感。尤其在机电设备的地脚、底框、字符、显示器屏幕外框，均涂黑色，如图6.8所示。

8. 白色

白色给人印象洁净、朴素、卫生。在它的衬托下，其他色彩会显得更鲜丽、更明朗，但多用白色可能产生平淡无味的单调之感。

在机电产品中，白色与其他色混合或并置是最佳调和色。医疗器械、冷藏设备、制冷电子仪器主表、电冰箱、电子计算机箱的主调色都用乳白色、鱼肚色、珍珠白等，或红与白、绿与白、蓝与白、黑与白等组合，应用极为普遍，如图6.9所示。

图6.9　采用白色与蓝色搭配的数控机床

9. 灰色

灰色是中性色，其突出的性格为细致、平稳、大方，因此作为背景色彩非常理想。任何色彩都可以和灰色相混合，略有色相感的含灰色能给人以文明而有素养的高档感觉。当然滥用灰色也易暴露其乏味无激情、无兴趣的一面。

在机电产品中，由于灰色能和一切色混合或并置，以求得调和效果；还由于它有耐脏特点，因此示波器、控制柜、变压器外壳大量使用此色，在同级机电产品中常用灰色作为主调色。同时含灰的隐艳色，逐渐成为流行色。

10. 土褐色

含一定灰色的中、低明度各种色彩，如土红、土绿、熟褐、生褐、土黄、咖啡、茶褐等色，性格都显得不太强烈，易与其他色彩配合，特别是和艳色相伴，效果更佳。

在机电产品中，可将熟褐混入少量土黄或土红作为基调，然后再混入较多白色，若选其邻近色组合，即为近似调和色；若选其明度差大的色组合，即为同类色的对比，显得沉着、稳定。

11. 光泽色

除了金、银等贵金属色以外，所有色彩带上光泽后，都有其华美的特色。它们与其他色彩都能配合，几乎达到“万能”的程度。小面积点缀，具有醒目、提神作用，大面积使用则会产生过于眩目等负面影响，显得浮华而失去稳重感。如若巧妙使用、装饰得当，不但能起到画龙点睛的作用，还可产生强烈的高科技现代美感。

机电产品中，由于光泽色能与任何色共调(它和黑、白、灰被誉为“万能调和色”或“救命色”)，故都用在重点主视区某一重要部位或形体拼合处的装饰件，亦用于美化控制件、商标、型号、铭牌等。如果过多使用全光亮色的光泽色，造成刺激太大，不经济、不科学，就会适得其反，故当前把光泽色变为“亚光”效果，予以适当使用。

6.3 产品设计色彩的好恶效果

色彩喜好作为色彩研究中与人心理相关的研究方面的一个重要内容一直都受到人们的重视。不仅仅是色彩学家将色彩喜好的研究列为一个重要的研究方向，而且由于“色彩喜好”研究作为“态度”“认知”研究中的一个重要研究领域，有关“色彩喜好”的研究一直以来也受到了心理学研究者的重视。另外由于其本身的特殊性和其与人文、社会、心理、历史等诸多领域的交叉，这些领域研究者也一直对“色彩喜好”的研究有着浓厚的兴趣。

6.3.1 影响色彩喜好的相关因素

第二次世界大战以后，随着色彩理论的进步和研究手段的不断改进，有关色彩喜好的研究进一步深入，除了重复战前有关色彩喜好趋向的调查以外，还增加了对不同时期结果在不同层面上的比较研究(年龄，性别，人种、人群，国别，种族等)。有关影响色彩喜好因素的研究日益被人们所重视，主要有以下几种观点。

1. 性格影响色彩喜好

这一观点较为被大家所接受，西田虎一在其专著《色彩心理学》中就曾经这样叙述过：“颜色揭示万物的内容，激起人们种种感情变化，同时也有力地影响着人们的性格”。而世界上也有很多有关这方面的研究，并形成了很多有关这方面的色彩性格测试法。

2. 生理影响色彩喜好

20世纪90年代，对于影响色彩喜好因素的研究人们将目光转移到身心状况与色彩喜好的关系上来。研究表明，不同波长的光作用与人的视觉器官产生色感的同时，必然导致某种情感的心理活动。事实上色彩生理和色彩心理是同时交替进行的，它们之间既互相联系又互相制约。当色彩刺激引起生理变化时，也一定会产生心理的变化，如：红色能使人脉搏加快、血压升高，具有心理上的温暖感觉；长时间的红色刺激会使人心理上产生烦躁不安，需要生理上欲求相对应的补色——绿色来调节平衡。

3. 文化、经济对色彩喜好的影响

影响色彩喜好的因素除以上的性格、性别、年龄等因素外，地理、民族、文化、经济、环境、教育程度都对一个人的色彩喜好有着很大的影响。有关这一方面的研究大多集中在色彩的象征、色彩的联想和色彩的民俗学的角度。不同的国家、民族、文化、经济背景、文化传统都对色彩赋予不同的意义和感情，而有关文化对色彩喜好的影响也被公认为是影响色彩喜好的关键因素之一。另外，所处地理位置的不同，世界各国的色彩爱好就会不同。居住在阳光充足区域的人大都喜欢明丽鲜艳的色彩，特别是暖色系的色彩，而在室内则喜欢用冷色系的色彩加以调节。如意大利喜好浓红色、绿色、茶色、蓝色、浅淡色、鲜艳色，讨厌黑色、紫色及其他鲜艳色；沙漠地区到处是黄沙一片，那里的人们渴望绿色，所以对绿色特别有感情，这些国家的国旗基本上都是以绿色为主色调。例如巴基斯坦喜好翡翠绿色、银色、金色、橙红色和其他鲜艳色，厌黄色、忌黑色；阿富汗喜好红色、绿色；土耳其喜好绿色、红色、白色、鲜艳色，忌黑色；叙利亚喜好青蓝色、绿色、白色、红色；沙特阿拉伯、伊朗、也门喜好绿色、棕色、黑色、深蓝色与红相间的颜色、白色，忌黄色、粉红色和紫色；伊拉克喜好绿色、深蓝色、红白相间色。阴天较多、阳光不充足的地方情况完全相反，冷色受青睐，而室内却用黄、粉红、褐色等暖色。如挪威喜好红色、蓝色、绿色、鲜明色；丹麦喜好红色、白色、蓝色。 在我国北方平均气温低，风沙大，降水少，人们喜爱穿着黑蓝色衣服，这样即便于吸收热量，又耐脏。南方则相反，衣服多为浅淡色，色彩也较为丰富。城市里，外界刺激太多，色彩比较丰富，人们穿着灰色服装来减少疲劳，达到视觉平衡。另外，民族的文化习惯是一种不易退色的心理映像，宗教、文化、传统、风俗习惯、伦理道德、经济观念是对色彩的民族群体爱好产生重要的影响。例如汉族喜好红、黄、绿、青等颜色，黑、白多用于丧事；蒙古族喜好橘黄、蓝、绿、紫红，忌黑、白色；回族喜好黑、白、蓝、红、绿色，丧事用白色；藏族喜好白、黑、红、橘黄、紫、深褐等色，忌讳淡黄、绿色。

6.3.2 色彩感觉产品愉悦感

愉悦是人类最基本和原始的情绪，对愉悦感的追求是人类的本能表现。产品的出现是为了满足人们的需要，当它已达到可用性的目标后，现代的使用者越来越重视产品使用的愉悦感，使用者感受到设计的精巧而产生愉悦感，同时将这种愉悦感升华为一种审美意象，伴随着对形式美、附加价值(如象征性、心理指示等)的欣赏，从而达到一种全方位的愉悦。对工业设计师而言，如何将设计出来的产品让使用者用得开心，并且喜欢上产品，是设计师们一直追求的目标。

1. 色彩轻重感与心理愉悦

色彩的变化能让人产生轻重感，色彩的轻重感一般是物体色与视觉经验而形成的重量感作用于人心理的结果，例如把等大而重量相等的3个物体，其中1个涂灰色，1个涂黑色，1个保留白色，这时给人的感觉一定是涂黑色的显得最重，灰色的次之，白色的最轻。因此把这种色彩轻重感影响心理感觉的因素应用到汽车设计中，如黑色汽车成熟稳重，显得紧凑而结实；白色汽车则给人以轻盈、纯洁、柔美感。不同颜色带来完全不同的

心理感受，不同人群则根据自己的喜好，挑选满意的产品。

2. 色彩的冷暖与心理愉悦

色彩本身并无冷暖的温度差别，是视觉色彩引起人们对冷暖感觉的心理联想。以黄、橙、红为主的称为暖色系，以蓝、青为主的称为冷色系，将绿、紫归纳为中性色，同时绿色也具有平衡的效果。

暖色系给人感觉是温暖的，比如红色在一定环境里让人们联想到喜庆、幸福、吉祥，是欢乐的代表，但另外一种环境里则可能意味着流血、危险或暴力，充满血腥的味道；冷色系给人的感觉是恬静的，比如蓝色易让人联想到太空、海洋，具有稳重、安静、平稳的属性，而负面反应是会令人产生忧郁、冷漠、死亡的感觉。根据冷暖色系带给人们的心理感觉，参考地域的差别，比如同类产品在北方地区可以多参考暖色调，在气候温暖的南方则可以多采用冷色调，色彩的联想带有情绪性表现，因此，产品的色彩设计应考虑到使用人群年龄、文化、职业、地域、时代背景等因素。

3. 色彩触觉与心理愉悦

有人做过一个试验，染织同样色彩的一块红色真丝面料和一块蓝色真丝面料，虽然材质相同，但用手去摸，大多数测试者觉得红色面料坚硬而温暖，蓝色面料柔软而冰凉。这种感觉上的差异，是由于颜色的不同而引发人们触觉的错觉造成的。

一般来说，明亮的色彩比暗浊的色彩使人感到洁净，浅黄色、米色、粉色调的色彩会产生柔软的感觉；黑色、深灰色、暗色、浊色会产生坚硬的感觉。一些色彩鲜明、触觉奇特的事物，会使人们对于这些色彩产生特别的感觉，如褐色会联想到木材或毛皮，灰色联想到石材或水泥等。

比如手机设计，在使用功能基本满足消费者需求的情况下，色彩的变化可以有更强的针对性。儿童喜欢对比强烈、近乎随意涂鸦的色彩混搭，触摸手机犹如自己的玩具，心感亲切；年轻人喜欢五光十色、绚丽斑斓、明快清新的色彩表现，触摸手机犹如感受自己多彩的青春；中年人喜欢庄重、大气、稳重的色彩，手机的彩色代表着已逝的岁月和他们的成熟；老年人喜欢简单、中规中矩的色彩搭配，握住手机就像握住岁月沉淀下的回忆。在手机设计中可以根据消费者年龄、地域、身份的不同，多色彩组合，使他们都可以选择可心、倾心、醉心的产品。

色彩消费是目前满足人们心理与精神需求的主要途径之一，大多数人们是为追求审美的感受而消费，色彩感觉改变人们的心情，改善人们的生活状态，在符合产品设计基本法则的基础上，不同色彩的变化通过视觉、味觉、听觉、触觉表现出来，能使消费者获得一定的心理愉悦感。

6.4 产品设计色彩的行为效果

1. 色彩的视觉性和诱目性

色彩的视觉性指的是在底色上对图形色辨认的程度，即是否可以让人看清楚。实验证明，视觉性与照明情况，图形与底色色相、纯度、明度的差别，图形的大小和复杂程度，观察图形的距离等因素有关，其中以图形与底色的明度差对视觉性的影响最大。

一般情况下，照明光线太弱或太强，视觉性都差；图形与底色色相、纯度、明度对比强时，视觉性高，对比弱时，视觉性低；图形面积大时，视觉性高，图形面积太小时，图形色会被底色“同化”，其视觉性就低；图形简单而集中时，视觉性高，图形复杂而分散时，视觉性低。例如在白纸上(底色)写黑字(图形色)，容易分辨，为视觉性高；在白纸上写黄字，较难分辨，为视觉性低。配色的视觉性，对消费性产品操作使用的效率影响很大。良好的视觉性，能提高操作的准确性和效率；不好的视觉性，易出差错，降低工作效率。因此，良好的视觉性对于应急的按钮、开关、操作件、刻度表盘件、面板控制显示件的色彩规划显得相当重要。

白色背景上视认性高低的色彩顺序为：紫色－青紫－蓝色－青绿－红色－红紫－黄绿－橙色－黄色－黄橙。黑色背景上视认性高低的色彩顺序为：黄色－黄橙－黄绿－橙色－红色－红紫－绿色－青绿－蓝色－青紫－紫色。

色彩本身容易引起注意，称诱目性高。纯度高的鲜艳色，诱目性较高，尤其鲜艳的红、橙、黄等具有前进性质的膨胀色，较容易引起人们的注意。而视觉性高的色未必就是诱目性高的色，因为容易被识别辨认的色，不一定会对人有吸引力而引起关注。色的诱目性主要取决于该色的独立特征和它在周围环境中惹人注目的程度。一般来说，有彩色比无彩色诱目性高；纯度高的暖色比纯度低的冷色诱目性高；明度高的色比明度低的色诱目性高。例如行驶在葱绿色树林中的橙色火车、静立在大楼墙角的红色灭火器等都是利用色彩的诱目性高的成功例子。要想诱目性高，设计时除了色彩，还有造型、质感等要素要一起考虑。

2. 色彩对顾客购买情绪和行为的影响

(1) 色彩追求。当市场出现流行色时，顾客会对流行色进行追踪寻求，产生一种跟随潮流购买的行为。

(2) 色彩兴趣。当顾客对某种色彩产生好奇和兴趣能激发其购买热情和欲望时，会欣然购买。

(3) 色彩惊讶。当顾客突然发现某商品具有自己喜爱的而平时少见而求之不得的色彩时，会迅速调整购买行为，果断而兴奋地购买。

(4) 色彩愤怒。当顾客 认为某种商品是不祥、忌讳的色彩时，会产生一种潜伏的不安全的因素，厌恶而不屑一顾，甚至反感。企业在运用色彩促销中要尽量利用前3种的影响作用，防止出现第四种情况。

单元训练和作业

【单元训练】

分别分析图6.10的各产品色彩心理属性。发现其中产品设计色彩对人们心理的影响因素有哪些，并根据这些产品设计色彩的心理特点，总结出色彩设计时应该注意的经验和教训，选择其中一款产品写出图文并茂的色彩心理属性分析报告，进行小组讨论，并为该款产品提出新的设计色彩方案。

图6.10　各种产品

【思考题】

■ 如何塑造产品设计色彩的知觉效果?

■ 如何塑造产品设计色彩的动因效果?

■ 如何塑造产品设计色彩的好恶效果?

■ 如何塑造产品设计色彩的行为效果?

本 章 小 结

色彩是视觉语言中最重要且最具表现力的要素之一。世界是彩色的世界，面对变幻无穷、纷繁多姿的色彩世界，在现代产品设计中，色彩往往是一种先声夺人的视觉传达要素，可以发挥其他语言形式不可替代的作用。

第 7 章　产品设计色彩价值属性

本章概述：

本章主要讲解产品设计色彩价值观属性的相关知识。在过去相当长的一段时期，设计过程被看做是一个艺术过程，艺术家的审美代替了更多人的选择，往往用户只能是被动接受。这样的结果，使得产品和用户之间的距离越加疏远，人们甚至感受不到产品带来的任何功能以外的享受。好的产品设计追求的是色彩价值观的认同、思想的共鸣、情感的触动。产品设计色彩中计算机辅助设计因素、市场因素、系列化因素、评价与检测因素都被越关注，首先可以从产品设计色彩观念上的完善得以价值体现。色彩价值理论思想是具有结论性及指导性的，因此，产品设计色彩价值概念的提出都能反映出对产品设计的知识理解程度的加深，并融入产品设计的过程中。

训练要求和目标：

本章主要产品设计色彩的价值属性。

本章主要学习以下内容。

■ 消费者和设计师的产品设计色彩价值观

■ 产品设计色彩的计算机辅助设计表现观

■ 产品设计色彩市场价值观

■ 产品设计色彩系列化价值观

■ 产品设计色彩评价与效果测试价值观

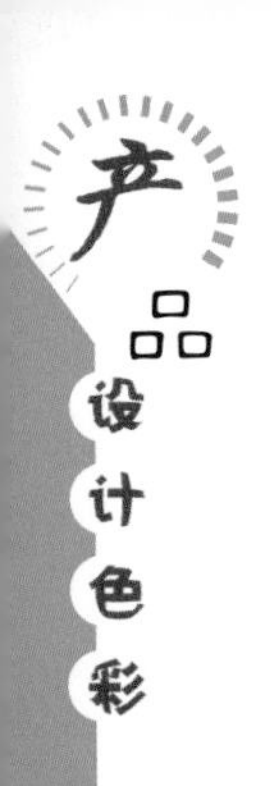

7.1 消费者和设计师的产品设计色彩价值观

通过对图7.1的产品设计色彩分析得知，本章内容的学习重点掌握3个方面知识：①产品设计色彩市场价值观。②产品设计色彩系列化价值观。③产品设计色彩评价与效果测试价值观。

图7.1　工艺产品

色彩是一种世界性的语言，也是商品最重要的外部特征，消费者在选购商品时，视觉的第一印象往往是对色彩的感觉，合理的配色不仅具有审美性和装饰性，而且还具有重要的象征意义。不同色彩的运用会对产品的质感、质量、美感、感性价值产生巨大差异。通过对商品的色彩设计，使得工业化的产品变得丰富而多元，或典雅、或可爱、或卡通、或自然，刺激消费者的消费意向，也使生活变得更加丰富多彩。

7.1.1　消费者的色彩价值观

人们在消费过程中，选择颜色的行为总是或多或少地受到社会整体色彩价值观的影响，特别是在认知和决策阶段，消费者的色彩选择非常容易受到周围环境的影响而做出最终选择。

在现代市场竞争中，仅有价格、质量和营销方式的竞争，已不能适应新消费模式的要求，人类已经进入了一个需要满足个性化精神需求的时代。通过色彩设计建立良好的产品形象和品牌认可，唤起消费者的情感共鸣和价值认同，将在很大程度上刺激和影响人们的消费行为和消费习惯。

消费者消费习惯是在习惯心理基础上的经常性消费行为。研究表明，消费者的消费习惯是社会文化和个性特质两个层面的产物。在文化层面上，比如人类社会的传统节日、民族情结、社会心理情绪等都影响着每个人的消费习惯，这样的消费行为并不少见。在商业环境中，色彩已逐渐超越了单纯的美学概念，成为商品情感的延伸，和消费者的消费情趣获得了默契，进而建立了牢固的消费群体。因此，在进行产品设计时，有必要更加重视色彩在塑造企业产品形象、开拓新的消费人群、引导消费、传达理念等多个方面的作用，从而设计出令消费者惊喜的产品。

1. 产品设计与色彩价值观的关系

通常而言，市场的需求促使企业开发新的产品，当前很多的商品其实是满足了消费者“额外的需求”，即企业创造出来的需求。

当市场当中充满了具有某种特定特征的产品时，该产品的需求就会逐渐下降，需求的下降必然会导致利润的下滑，而这是企业最不愿意看到的事情。于是，企业为了将自己和对手区别开来，就会设计满足新需求的产品，然后告诉消费者：“你们需要它！”这时，受到感召的消费者们为了各种原因，就会遵从这个声音，购买或许并不需要的产品。

在这一过程中，产品设计起到了至关重要的作用。因为未被市场察觉的需求有很多，但到底要将其中哪个或哪些需求实现，以怎样的方式实现，则很大程度上取决于设计师的选择。而这个需求最终的实现形式则是设计师决定的，在诸多实现形式中，色彩设计是最直接、最有效的。

另外，除了产品设计影响消费者的色彩价值观之外，消费者的主流色彩价值观也会反作用于产品设计。这主要是在某种特定的需求趋势形成之后，企业按照对于需求发展的预测结果进行产品开发，人们的消费价值观通过这种方式间接地影响工业设计过程。

2. 产品设计对人们价值观应有的导向作用

当产品来到市场成为供消费者选择的商品时，其带来的环保、耐用、新颖、人性的特征就慢慢深入消费者的心中，特别是当大企业的高端产品具备这些特征时，主流消费色彩价值观就会向这个方向倾斜，人们渐渐会把这些正面特征与高档、有品位画上等号，进而影响整个市场乃至全社会的价值取向。

设计师在产品概念设计之初就应该考虑到最终产品对消费者影响的各种可能性，自觉地选择对消费者能够起到正面影响的色彩要素融合到设计当中，同时避免使用可能造成负面影响的色彩要素。防止短时间内因为“过时”而被消费者提前淘汰；可以延长产品生命周期，当然也会在一定程度上降低产品购买需求； 后者虽然能够加速产品新陈代谢，但长远来看由此带来的不负责任设计和不负责任消费以及资源浪费和垃圾增加的问题对将来的损失更加难以估量。

7.1.2 设计师的产品设计色彩价值观

对于设计师而言，在其设计行为过程中对设计的价值、设计的社会责任和荣誉、设计

工作趣味等的个人价值追求及其相互关系的分量比，就形成了个人的设计价值观。由于对设计行为价值取向的不同以及设计师所处的角色差异，也就形成了差异化的设计价值观。这种差异性的设计价值观直接影响着设计师个人的设计行为，甚至于整个设计业市场的良性生存与发展。设计师的设计行为、责任义务及其设计理念等都与设计师设计价值观有着直接的联系性，设计行为同时也是设计价值观的行为体现。设计艺术之所以是一门实用艺术，是因为它以实用功能为本质目的而存在的，是为解决商业行为及实际生活中的实际问题而存在的。首先设计要面临的问题是解决客户的市场问题和提供市场策略，同时，设计定位于市场及人们的需求，最后这些需求都需要在设计产品上得到体现或解决。

在市场环境下，客户的需求显而易见，就是要通过设计来达到商品的利润最大化，这种利润最大化所需要的设计行为具体体现为塑造品牌形象，或通过设计增加产品视觉美感，或通过设计加强消费者购买动机和需求等。客户的设计价值观，是建立在设计所能带来的附加值价值和市场评价的基础上的。在此评价过程中，社会大众文化程度以及审美观的提升越高，对设计的重视程度就越高。那么群体在满足于事物基本需求的同时，就越注重设计和接受设计附加值。

设计师设计价值观的形成，有着多重因素，同时，也会随着社会阅历以及经济地位的转变而变化。在社会角色中，设计师也和芸芸众生一样，面临着生存与发展的问题，也在寻找和实现着自我价值。影响设计师设计价值观的主要因素是社会对设计的价值认可，具体的体现就是设计的市场价格。同时，正确的设计行为也是设计价值实现的必要保证。设计师在完成商业价值过程中，还应完成其作为设计师执业的社会责任和义务。

1. 设计市场价格与产品设计色彩价值观

设计脱离艺术层面创作后，其本身是一种有责任和目的的有偿服务行为。它与业主之间还是一种被雇佣的商业关系。这种服务性的设计行为是以满足业主的商业需求或解决设计问题而进行的设计创作，并最后主要以设计报酬的形式来体现设计劳动价值。

在影响设计师设计价值观的诸多因素中，设计价格所占的比重是最大的。设计的价格回报是设计师生存、发展以及自身劳动价值的重要体现。目前，设计行业存在着缺乏行业自律，恶性低价竞争，导致低下的设计价格市场。这种低价竞争的起因往往是由于生存危机而失去了正确的设计价值观。设计市场的廉价竞争，往往导致降低设计要求，产生大量快速重复低要求的设计品，并直接影响到市场整体审美水平的低下。缺乏设计师市场行业自律，本身就是一种扭曲的设计价值观的体现。影响市场价格的因素很多，有设计师从业的市场经验，设计任务的技术难度，及其设计市场需求关系，设计任务的影响面，设计的可复制性等，但设计市场价格的不确定性也有着设计行为本身的特性因素。

设计成功往往是依附于整体商业行为之中的，设计价值要在商业行为的运作之中或最后成功后才得以体现。商业行为的最后成功与否具有诸多的相关因素，所以设计本身的成功及其价值的体现有着太多的不自主性和制约性如商业行为的资本状况、管理及营销的能力等，这些看似设计行为以外的商业行为能力，都直接影响着设计行为的最终价值实现。

设计行为往往是针对性、量身定制的，因其独特性，它的行为后果没有准确可针对的成果价值参照，因此设计行为价值的最终体现往往是不可预估的。每次的设计后果因机遇、市场等因素变化，结果也不相同。而设计师对这种后果价值的估量往往来自于案例的操作经验以及对市场的定位准确度。

设计行为是非时间工作量所能等比计算的创造性脑力劳动思维性的劳动，同时又带有设计成功的偶然性和积累性。工作价值就不能完全以工作时间来量化。设计师的创意和思维需要有生活阅历、经验来厚积。这样的创造性劳动价值需要有共同价值观的认可。

2. 规范的设计行为是价值实现的必要保证

设计行为的流程规范是由设计合约、设计工作流程，以及设计执行几部分组成。在一般设计行为程序中，人们往往强调设计的工作流程科学性，如目标市场的调研、市场定位、设计创意与表现等，而往往忽视了设计行为的合约程序及设计后的执行程序。在商业活动中，设计合约是一种先行行为，它规范了设计活动的工作任务、时间以及劳动报酬等。在没有行为成果或预估评价成果不确定的情况下，设计报价是一个重要而复杂的问题。它也是设计师价值观与雇主价值观的直接碰撞。目前，设计市场竞争激烈，设计师往往背离了这一与客户间平等对话的正确途径，在没有合约约束或保证金的情况下先执行设计或进行设计竞标，而这一行为的结果就是造成设计师和客户之间关系的不平等，设计价值的贬值化或设计师人格尊严的损失。客户在没有付款或没有合约约束的情况下看设计师的稿件，他的心态是没有责任的，设计师往往处于被动局面。设计师生存与发展及其自我价值的实现，非常重要的一条就是在行为过程中，强调先签订设计合同再进行设计工作程序展开，用合约程序进行自我行为价值的保护。

设计的执行程序是设计方案能否正确反映设计意图以及设计成功的关键因素。一个优秀的设计方案往往因为执行力不够而显得没有市场价值，设计不能抛开执行程序而独立存在。否则，设计在展开在人们面前时，往往会距设计师的原意很远。

3. 设计行为过程中的形式与功能关系

设计师必须以正确的设计价值观来处理设计行为过程中形式与功能的相互关系。设计

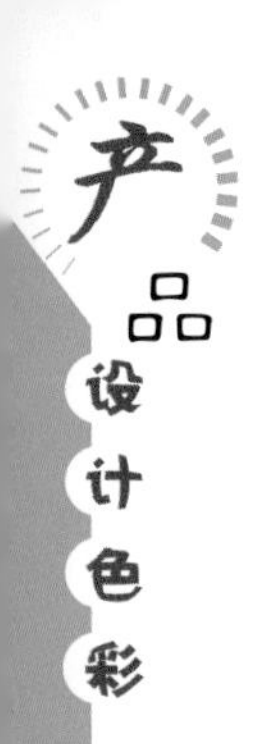

形式是设计形式美的体现，是设计具有艺术审美性的重要因素，但某些设计师往往在追求设计形式感的同时，削弱了设计的本质功能属性。任何以损失设计的功能性，过度以形式美为上的设计都是设计功利主义价值观的体现。

设计行为的展开是有局限性的，它受到了功能、价格、材料工艺市场等诸多因素的制约。比如：书籍的基本功能是阅读，如果书籍装帧的设计形式破坏了基本的书籍阅读便利，成为阅读障碍，那么，这种设计形式是为设计而“设计”，是最终不被人接受的。在书籍材质及其工艺的选择上，生产成本超越了读者所能接受的价格范围，那么，也是不被市场所接受的。形式和功能的和谐统一，是设计行为成功和价值实现的基本要求，也是正确的设计价值观的体现。

4. 设计行为的功能自我夸大与自我满足

设计的自我夸大就是盲目地夸大设计的功能性，也是盲目自大设计价值观的表现。在商业行为中，设计虽然作为重要因素存在于整个流程之中，但不可否认，它始终是一个从属的服务性商业行为。设计的成功或者商业价值的体现是依赖于整体的商业行为成功的。而色彩设计在整体效果的发挥中起到了引导和催化剂的功能作用。

色彩设计在产品销售中的功能是有局限性的，而不是万能的。其次，任何脱离市场定位的自娱自乐的设计行为，也是不正确的以自我为中心设计价值观的表现。设计不是拿来做着玩的，设计价值观必须贴近现实社会，应该是一种责任，体现的是为客户负责，为市场经济行为负责。

5. 设计行为的隐性责任与设计价值观

设计行为除了它的商业价值功能体现之外，设计师的设计价值观以及在设计行为中还应具有社会的责任因素。这种隐性的责任来自于对美的形式的创造和传播，对社会大众审美和大众时尚消费具有引导性的功能和责任，并且做到适度合理的利用设计资源，节约社会资源。正确的设计价值观和良好的设计行为是设计走上良性发展道路的重要因素，也是在当今社会经济发展的良好环境下，设计真正体现其价值的重要保障之一。

产品的色彩设计除了它的商业属性，产生市场的价值以外，还因设计所具有的形式美创造以及设计理念的传播，而成为一种非商业的艺术表现形式手段。很多设计师从设计趣味和设计的交流中体验着创作带来的快乐，他们不追求商业的丰厚回报，而通过设计来表现自我的精神理念和艺术追求。所以从价值观的层面上讲，设计还具有自我实现和审美满足的功能属性。

产品的色彩设计是商业行为的利器和市场策略手段。设计因为有着市场的商业因素和个人的价值利益关系而变得复杂，树立正确的设计价值观是保障设计师在设计行为过程中追求商业价值并兼顾设计师社会责任的关键因素，也是设计师人生价值实现的重要保障，并以此达到设计市场与社会文化的和谐发展。

7.2 产品设计色彩的计算机辅助设计表现观

7.2.1 计算机软件的色彩系统

有关计算机辅助色彩设计的研究很多，但大多都是一些基础性的研究，如计算机辅助色彩设计系统的构造方法研究、计算机辅助色彩设计系统的易用性研究、计算机辅助色彩设计的理论和方法研究等。针对产品色彩的设计来讲，设计师一般只要掌握计算机辅助色彩设计表现的软件即可，如一些大型的平面设计及三维造型软件，Photoshop、CorelDRAW、Flash、Illustrator、Painter、FreeHand、3DMAX、Maya、Pro／E、Rhino、Cinema 4D以及Alias等，提供了不同类型的色彩设计工具集或模块。

常见的设计软件有以下两种。

(1) CorelDRAW：CorelDRAW是Corel软件公司一款出色的平面设计软件，其中的色彩设计工具主要由三大块组成，分别是Models、Mixers和Palettes，以属性页的形式集合在一起。这3个工具涵盖了色彩调制、色彩调和、色彩混合、色彩管理、色盘定制等多方面的设计功能。

(2) Pro／E：Pro／E是一款功能强大的工程CAD软件，系统提供了一个“Color Editor”的色彩设计工具。该工具集成了3个选色工具——“Color Wheel”、“Blending Palette”和“RGB／HSV Slider”。但该工具仅能进行单色选择，不能完成多个色彩的调和。

除了大型软件系统中的色彩设计模块，还有一些专门进行网页、标志色彩设计的辅助工具。这些小软件大多数界面精美、功能丰富、使用简便。通过对色轮可视化，从选色、色彩方案、色彩公式等角度辅助用户获得丰富的色彩方案，并可输出、存储色彩方案，有些还能与其他设计软件集成。与大型软件系统中色彩设计模块相比，这些小巧的色彩设计工具使用方便、学习过程短、容易被用户接受，在计算机辅助色彩设计领域占有重要的地位。下面对一些优秀的色彩设计辅助工具进行简要的介绍。

(1) Color Impact：挪威Trond Grontof设计开发的Color Impact是一个应用于Windows平台上的色彩方案设计工具，兼具易用性和高级功能。Color Impact在众多设计、多媒体、

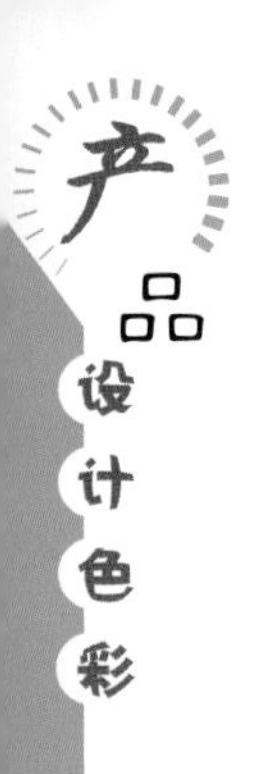

Web开发程序中提供出众的整合，获得多项大奖。该工具的功能非常强大，包含5个主要模块：Mathcing Color、Color Variations、Colorr Blender、Test Patterns、Color Composer。其中，高级颜色公式(Enhanced Color Formula Technology)和色彩设计者(Color Composer Technology)是其最具特色的两部分。

(2) Color Studio Pro：该软件最大的特色在于可以在27个预设的风格中选取需要的色彩方案总体风格，每个风格对应有5种不同的色彩组合。软件还提供了216色网络安全色彩及140色网络经典色彩的选色盘。设计过程中产生的色彩方案可以实时进行存储和对比，并提供了网络风格的色彩方案预览。

(3) Color Wheel Pro：该软件是由QSX软件小组开发，辅助用户基于色彩理论，创建调和的色彩方案的软件。不同于其他色彩工具将色彩方案以逐行罗列的普通方式，Color Wheel Pro可以让设计师预览到色彩方案在网络、标志、产品包装的实际最终效果，由于该软件中包含了著名的Macromedia公司的Flash技术，界面华美流畅，艺术效果极佳。

(4) Color Scbemer Studio：该软件在色轮显示的类型及模式上较有特色，较为全面地考虑到了色彩设计过程中有关色彩选取、色彩调和、方案优化、方案输出等全方位的问题。Color Harm OIlies工具提供了6种典型的色彩对比关系，Color Mixer工具模拟两种，色彩混合产生新色彩的绘画技巧，利用插补的方式拟台两种色彩之间不同步长的混合色彩。Color Sehelne Analyzer工具帮助用户确定最佳的文本／背景色彩方案。Screell Color Picker工具可以拾取屏幕上的任意色彩。Export Wizard工具能将设计过程中用户选中的色彩以html、css、aco、act 4种文件格式输出。

(5) Color Key：Color Key是由Quester主导开发，Blueidea.com软件开发工作组测试发行的一款具有人性化、科学化的交互式配色辅助工具。该软件通过设置整体配色区域的色彩调整功能，使得设计者可以更大程度地控制色彩倾向，并为Web色彩提供了Web安全色模式。其最大的特点是能与其他平面设计软件良好集成，不仅能服务于网页色彩设计(RGB及HEX色彩描述)，也可以为专业图形图像色彩设计(CMYK色彩描述)提供辅助。

7.2.2 计算机色彩设计模式

颜色模式决定了用于显示和打印图像的颜色模型，它决定了如何描述和重现图像的色彩。常见的颜色模型包括HSB(色相、饱和度、亮度)、RGB(红色、绿色、蓝色)、CMYK(青色、品红、黄色、黑色)和CIEL*a*b*等。因此，相应的颜色模式也就有RGB、CMYK、Lab等。此外，Photoshop也包括了用于特别颜色输出的模式，如Grayscale(灰度)、Index Color (索引颜色)和Duotone(双色调)。

1. RGB模式

根据色彩的原理，利用红(Red)、绿(Green)和蓝(Blue)3种基本颜色进行颜色加法，可以配制出绝大部分肉眼能看到的颜色。彩色电视机的显像管，以及计算机的显示器都是以这种方式来混合出各种不同的颜色效果的。如Adobe Photoshop图形软件将24位1KGB图像看作由3个颜色通道组成，这3个颜色通道分别为：红色通道、绿色通道和蓝色通道。其中每个通道使用8位颜色信息，该信息是由0～255的亮度值来表示的。这3个通道通过组合，可以产生1670余万种不同的颜色。由于用户可以从不同通道对RGB图像进行处理，从而增强了图像的可编辑性。

2. CMYK颜色模式

CMYK颜色模式是一种用于印刷的模式，分别是指青(Cyan)、品红(Magenta)、黄(Yellow)和黑(Black)。该颜色模式对应的是印刷用的4种油墨颜色，其中，将C、M、Y3种油墨颜色混合在一起，印刷出来的黑色不是很纯正。为了使印刷品为纯黑色，所以将黑色并入了印刷色中，以表现纯正的黑色，还可以借此减少其他油墨的使用量。

CMYK模式在本质上与RGB颜色模式没有什么区别，只是产生颜色的原理不同。由于RGB颜色合成可以产生白色，因此，也称它们为加色，RGB产生颜色的方法称为加色，而青色(C)、品红(M)和黄色(Y)的色素在合成后可以吸收所有光线并产生黑色，这些颜色因此被称为减色。在处理图像时，一般不采用CMYK模式，因为这种模式的图像文件占用的存储空间较大。此外，在这种模式下，Photoshop提供的很多滤镜都不能使用，因此，人们只是在印刷时才将图像颜色模式转换为CMYK模式。

3. Lab颜色模式

Lab颜色模式是以一个亮度分量L(Lightness)，以及两个颜色分量a与b来表示颜色的。其中，L的取值范围为0～100，a分量代表由绿色到红色的光谱变化，而b分量代表由蓝色到黄色的光谱变化，且a和b分量的取值范围均为–120～120。

Lab颜色模式是Photoshop内部的颜色模式。由于该模式是目前所有模式中色彩范围(称为色域)最广的颜色模式，它能毫无偏差地在不同系统和平台之间进行交换。因此，该模式是Photoshop在不同颜色模式之间转换时使用的中间颜色模式。

4. Multichannel模式

将图像转换为Multichannel(多通道)模式后，系统将根据原图像产生相同数目的新通道，但该模式下的每个通道都为256级灰度通道(其组合仍为彩色)。这种显示模式通常用

于处理特殊打印，如将某一灰度图像以特别颜色打印。

如果用户删除了“RGB颜色”、“CMYK颜色”、“Lab颜色”模式中的某个通道，该图像会自动转换为Multichannel模式。

5. Indexed颜色模式

为了减小图像文件所占的存储空间，人们设计了一种Indexed颜色模式。将一幅图像转换为Indexed模式后，系统将从图像中提取256种典型的颜色作为颜色表。将图像转换为Indexed颜色模式后，Image→Mode菜单下的Color Table菜单项被激活，选择该菜单项可调整颜色表中的颜色，或选择其他颜色表。

Indexed颜色模式在印刷中很少使用，但是，这种模式可极大地减小图像文件的存储空间(大概只有RGB模式的三分之一)。同时，这种颜色模式在显示上与真彩色模式基本相同，因此，这种颜色模式的图像多用于制作多媒体数据。

6. Grayscale模式

Grayscale图像中只有灰度信息而没有彩色，Photoshop将灰度图像看成只有一种颜色通道的数字图像。

7. Duotone模式

彩色印刷品通常情况下都是以CMYK4种油墨来印刷的，但也有些印刷物，如名片，往往只需要用两种油墨颜色就可以表现出图像的层次感和质感。因此，如果并不需要全彩色的印刷质量，可以考虑利用双色印刷来节省成本。

Duotone模式与Grayscale模式相似，是由Grayscale模式发展而来的。但要注意，在Duotone模式中，颜色只是用来表示“色调”而已，因此，在这种模式下，彩色油墨是用来创建灰度级的，而不是创建彩色的。

当油墨颜色不同时，其创建的灰度级也是不同的。通常选择颜色时，都会保留原有的灰色部分作为主色，将其他加入的颜色作为副色，这样才能表现出丰富的层次感和质感。

8. Bitmap模式

要将文字或漫画等扫描进计算机，一般可以将其设置成位图形式。这种形式通常也被称为“黑白艺术”、“位图艺术”或“一位元艺术”。

Bitmap模式适合于那些只由黑白两色构成而且没有灰色阴影的图像。按这种方式扫描图像的速度快，并且产生的图像文件小、易于操作，但它所获取的原图像信息很有限。

9. 颜色模式的选择

在Photoshop中，系统推荐使用RGB颜色模式，因为只有在这种模式下，用户才能使用系统提供的所有命令与滤镜。因此，用户在进行图像处理时，如果图像的颜色模式不是RGB，可首先将其颜色模式转换为RGB模式，然后进行处理，处理结束后，再根据需要将其转换为相关模式。如果图像文件用于彩色印刷，则应在处理结束后将其颜色模式转换为CMYK。

颜色模式除了用于确定图像中显示的颜色数量外，还影响通道数和图像的文件大小。如一个Grayscale(灰度)模式的图像要比RGB彩色模式的图像尺寸小得多，并且Grayscale模式图像只包含一个通道，而RGB彩色模式包含3个通道。此外，选用何种颜色模式还与该图像文件所使用的存储格式有关，如用户无法将使用CMYK颜色模式的图像以BMP、GIF等格式保存。

7.3 产品设计色彩市场价值观

在市场需求日益多样化、个性化的今天，靠单一色彩的产品去赢得竞争的情况已不复存在，为适应尽可能多消费者的需求，占领更宽的市场覆盖范围，系列化产品的开发已成为现代工业产品开发中最重要的战略之一。通过产品色彩的系列化设计，可以使产品种类增多，让不同的消费者针对同一产品在造型和功能上有比较多的选择余地，扩大销售并且降低产品开发成本；可以使企业在一种基本型产品的基础上，快速发展起家族产品，在市场竞争中掌握主动；同时还可以通过系列化设计延长产品的生命周期，充分利用企业已有的生产设备能力，使企业获得较好的经济效益。除此之外，系列化的产品可以使货架上的同一企业的同类产品能成批陈列，占据视觉优势，容易被消费者识别和记忆，增加企业的声势，传达企业的形象，从而扩大影响，树立名牌，是一种有效的营销手段。

因此，为了生产和市场的需要，必须要掌握更多的系列产品设计方法，而通过色彩来实现产品的系列化设计是企业经常采用的方法，也是产品系列化设计中最方便、最经济和最有效的方式之一。在前面，我们也提到产品色彩定位的结果一般并不是以具体颜色来体现的，而是采用比较抽象的形容词，而对形容词的视觉化解答通常存在着多种方案。因此，用不同的色彩来体现产品的系列化也是这种解答结果的体现。

7.3.1 色彩是构成产品系列化的重要手段

要实现产品的系列化，一般来讲应具备内外两方面的条件：一是从内在技术层次上看，应具有相同的核心技术或共有技术；二是在外在形式上，应该具有相同的形态构成元

图7.2　系列化的产品色彩设计

素。大家都知道，产品的外部形态主要由造型结构、材质和色彩3个因素来体现。色彩作为产品外部形态的因素之一，更是具有先声夺人的艺术感染力，也最能打动人心和吸引顾客，这就决定了色彩是构成系列化产品外部特征的最重要因素。如图7.2所示的是通过色彩来实现系列化的产品。

一般情况下，要使产品实现系列化通常具有全部或局部相同的造型结构，材质方面一般差别也不大，而在色彩方面则可能有更多的变化。究其原因，一方面是因为色彩给人的感觉刺激大，印象深刻，可以在同系列产品中产生丰富的变化效果和诱人的吸引力；另一方面则是出于成本的考虑，显然对于生产商来说，相对其他方案，变换颜色更方便、更经济。

7.3.2　系列化产品色彩设计的原则

在市场货架上经常可以看到，一个系列的多个产品往往体现出异彩纷呈但又具有某种相同特质的“家族”面貌。这些“家族”产品可能是一系列具有相同或相似色彩的产品，还可能是使用完全不同色彩的产品。但无论如何，系列产品之所以形成系列，就必须要有一定的规则去反映该系列的主题，表达统一的风格特征，体现统一且相互和谐的色彩感觉；同时各产品的色彩要有足够的变化，以区分系列中不同产品的个性。

通过对系列化产品的分析和归纳，“统一中求变化，变化中求统一”的辩证法则就是系列化产品色彩设计的基本准则。从统一来讲，可以是一个或多个色彩特征的统一，如色相的统一，明度与纯度的统一，色彩构成结构的统一等，而变化则必须是赋予一定秩序的、有节奏的变化。

7.3.3　系列化产品色彩设计的方法

根据以上的设计原则，人们就可以分别从“统一”和“变化”两个方面来具体描述系列化产品色彩设计的方法和规律。

1. 用相同的颜色统一系列中各产品

(1) 以完全不变的色彩统一横向系列产品：横向系列产品由不同种类和型号的产品组成，其各产品在造型、尺寸和材质方面都有差异，必须用相同的色彩为它们画上统一的标志，以便将它们纳入同一个家族产品系列中。因此，人们通常为横向系列的产品赋予完全相同的颜色，而不做任何色彩的变化，如约翰·迪尔公司所生产的农业机械，所有这些产品项目就通过相同的颜色构成了一个产品系列，如图7.3所示。

图7.3 约翰·迪尔拖拉机

(2) 对多色彩的系列产品，在某些色彩变化的同时，应尽量保留至少一种色彩不变：造型相同或相似的系列产品，虽然统一的造型和材质元素已经传达出了“系列”的含义，但色彩要素仍然以其“最受瞩目”的特性，成为必要的系列化表达手段。最简单直观的通过色彩维持系列一致性的方法，就是保留一种“固守不变”的色彩，使其成为系列中的色彩标志。

图7.4 Eyki(艾奇)系列手表的色彩设计

这个保留色有时是企业标准色，用以强化品牌印象；有时是无彩色，以便柔和地将系列中的各产品贯穿起来。除了在相同部件上使用同一种色彩，也可将这种标志性的色彩灵活运用在产品的不同部件上，如图7.4所示。

2. 用相同的明度与纯度统一系列产品的色彩基调

既然系列中的每个产品都已包含了某种固定的色彩，是不是其他的颜色就可以任意变化呢？答案是否定的，“变则变矣，应遵其法”，自古以来人们只把有规律的变化视为美的，即使变化也要体现出统一。可见，系列化产品中变化的色彩应该包含某种一致性，在颜色的三要素中既然色相注定要变，那么就可以通过色彩纯度和明度来对色彩做一定的控制。实际上，色的明度和纯度相对于色相更显宏观，它们体现着色彩的整体色调，更能传达出系列产品的统一风貌。

(1) 高纯度色彩饱满，适合体现鲜艳明晰的大方风格。

(2) 低纯度色彩具有柔和、含蓄的感觉。用降低纯度的方法也可以形成系列。

(3) 高明度色彩清新明亮，带给人们轻松愉悦的感觉，适合女性用品的系列化表现。

(4) 低明度色彩暗淡深沉，散发出优雅沉静的绅士味道，适合男性用品的系列化表现。

3. 通过产品的色彩变换拓展系列

既然为了保持系列产品的统一风格，其色彩纯度和饱和度应该维持不变，那么就通过

变化色相来拓展系列，让各异的色彩为系列中的产品披上不同的彩衣，就此形成色彩层次丰富的系列化商品。但是，即使在同样的明度和纯度条件下，色相的变化仍然是无穷无尽的，毫无章法的色彩运用不会为人们带来视觉上的享受，必须依据色彩学的规律和经验，科学地对系列产品的色彩加以衍生和变幻，才能得到色彩和谐的系列产品。

1) 近似变化连续色的应用

近似变化的颜色会赋予系列产品流畅的美感，这种连贯变化的色彩可以很好地将系列中的产品融合在一起，看上去仿佛它们就是一个大家庭里的兄弟姊妹，少了谁都是一种缺憾。这种配色方法经常用于日用品中，由此带给用户彩虹变幻般的体验和乐趣。

2) 平均变化等间隔色的应用

等间隔的色彩变化是一种基于“节奏”的变化，色彩之间保持固定的间隔，符合人类的审美本能。这种配色相对“适度”，在色轮上连续色可能“太近”，互补色又稍嫌“遥远”，而等间隔色的距离刚好介于它们之间，是比较中庸而平和的，所以更容易让人接受，因此等间隔色的配色方法广泛应用于各类产品。

3) 对比变化互补色的应用

互补色在色轮上位置最远，形成最强的对比效果，搭配在一起会产生跳跃的动感，极度吸引人们的视线，这在当今“眼球经济”的市场环境中显得尤为重要。在运用互补色时可以在系列中适当地引入灰、黑、白等中性色彩，以减弱对比可能带来的冲突与不适。

4) 无彩色与有彩色的组合变化

以上种种色彩的变化让人应接不暇，这时有必要介绍一群朴实的“伙伴”——无彩色。无彩色包括黑、白、灰(银色)这些没有彩度的颜色，它们稳重深沉，并且能与任何的有彩色“友好相处”。于是，对于那些用于严肃场合的工业产品，以及那些为成熟男士设计的日用品，无彩色取代了有彩色成为当之无愧的主角。另外，用无彩色与有彩色的搭配，可以平衡色彩印象，避免视觉疲劳，如图7.5所示。

图7.5　数控机床的控制器与显示器

5) 综合运用以上方法进行色彩变化

实际上，人们常常综合地运用以上方法来做色彩的变化，可以以其中一种方法为主线，再以其他方式加以衍生，从而构成一系列的和谐色彩。

4. 当系列产品中有两个颜色同时变化，应保持两色的相对位置不变

当两种色彩共同发生改变，变化的规则就不只体现在单个色彩的改变上，还更多地体现在两个颜色的相互关系中。这种相互关系不单指色彩在色轮中的色相位置差，还包括明度差和纯度差，只要这种关系维持不变，就保留住了产品外形的基本色彩结构，从而体现出包含颜色的变化美感，如图7.6所示。

图7.6　扶手椅的系列产品色彩

5. 更换彩色外壳来实现系列化

图7.7　佳能IXUS系列彩壳数码相机

更换彩壳的现象如今经常出现在一些时尚的数码产品中，如手机，不需要购置新手机，只需更换彩色外壳，就可以达到更换手机色彩的目的。这种类似“换衣服”的色彩变换方式灵活简便，可以使一件单品摇身变成多色彩的系列组(图7.7)，既满足了消费者的多种需求，也降低了商品重复制造的成本，因此正在更多的产品领域中流行开来。

设计是一项创造性的艺术活动，是不能完全按照既定的法则来进行的，作为设计工作者，首先应该增加艺术修养、培养色彩情趣，并通过不断的实践来丰富色彩认知和色彩运用能力，同时再辅以色彩设计的方法和技巧，方能设计出更加优秀的系列化产品。

7.4　产品设计色彩系列化价值观

产品系列化设计的总体视觉效果在很大程度上取决于色彩的运用。如果产品的造型处理得很好，而色彩处理不当，那么给人的感受就不是一件好的产品，会直接影响消费者对此产品的购买。

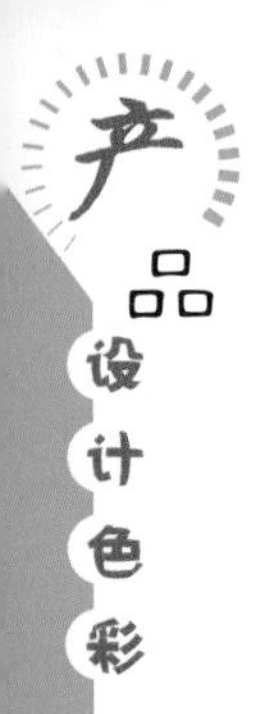

极具个性的产品色彩可以使产品锦上添花，吸引顾客的注意力，有助于提高消费者对产品的认可程度，从而产生购买欲望，色彩在系列化产品设计中的作用就更加明显。

1. 宣传企业和产品达到吸引消费的作用

面对众多的商品，消费者首先注意到的是其新颖、别致的色彩及外观，特别是系列化的产品设计。系列化的产品具有更强的整体感，可以更好地展现大面积的整体色彩，更容易吸引消费者的眼球。系列化色彩设计有利于消费者辨认商品，有助于企业树立信誉和创造名牌商品，进一步吸引顾客，增强宣传效果，促进销售，并增强企业的竞争力。

系列化产品的色彩设计往往在色彩上具有统一性，根据不同产品的特性，在特定的同一位置进行色相、纯度、明度的变化。消费者在购买商品时，不仅会注意整套产品系列包装的形状和色彩，更会注意到每件商品外观之间的差异。系列化产品设计中，设计出能让消费者易于辨认的不同色彩，将有助于人们识别各种产品，以使消费者通过色彩对该商品留下较深的视觉记忆。设计师应该注重产品系列化设计中的色彩设计，使商品在促进销售的同时，起到很好的广告宣传效应，体现其独特性和品牌性。运用个性化、系列化的色彩、吸引消费者注意是产品系列化设计的重点。

2. 系列化色彩设计有利于企业形象的塑造

系列化产品的色彩设计可以使货架上的同一企业的同类商品能够成批陈列，在视觉上占据较大优势，增加企业的声势。这样的陈列方式使商品整体形象更加突出，整体感提升，给消费者一种协调统一的感觉，从而更容易地记住这种产品以及制造企业，以利于市场竞争和企业品牌形象的塑造。

色彩系列化设计是产品系列设计的重要手段，色彩设计是系列化包装设计中的重要元素及组成部分。系列化色彩设计并不是简单地多用几种色彩，它不但要充分考虑产品色彩的商品性、广告性、民族性和流行性，还要对商品的本身属性、特点、功能有充分的了解，只有在此基础上设计的系列化色彩才能有极强的视觉冲击力和推广力。真正一件好的系列化产品不仅要在造型上达到高标准，最主要还是要在色彩的运用上深思熟虑，通过色彩充分体现自身特点，这样的产品在销售过程中对消费者的消费心理产生深刻印象。因此，在商品系列化设计过程中，准确地、个性地运用色彩，能够对商品的营销产生极强的推动作用。

7.5 产品设计色彩评价与效果测试价值观

设计的过程，也是对设计项目不断评价和筛选的过程，而且每一个评价的目的都是不同的。比如在设计进程中，设计师会不断地对自己的方案进行评价和筛选，最终设计出自己认为比较理想的产品形态和色彩形象。在设计方案评审中，则有多位不同领域的专家进行方案评价，提出意见和建议。在产品试销过程中，则根据受测消费者的建议，及时进行对试产产品的修改工作，最终使产品能够成功地进入已经设定好的目标市场。采用合理而有效的设计评价工作，将有助于产品的成功，有助于企业减少不必要的风险。因此，设计评价是贯穿于产品设计整个过程的非常重要的环节之一。针对产品色彩的评价，也同样如此。

所谓“设计评价”是指在设计过程中，对解决设计问题的方案进行比较、评定，由此来确定各方案的价值，判断其优劣，以便得出符合设计目标要求的、较为有效的设计方案。在这里需要说明的是，产品设计方案评价的相对性和模糊性。从相对性来讲，人们永远都在有限的方案里进行孰优孰劣的评判，所以评价的结果只有合理与不合理之分，而没有所谓的“最佳”概念；从模糊性来看，产品设计方案的评价在很大程度上是依靠人的直觉来进行的，特别对于产品的美观程度、宜人性、安全性以及加工技术等这些“软”评价项目，用传统的定量分析方法难以操作。因此，对于这方面要素的评价通常用语言变量来描述并求得解决。如首先用“好”、“差”、“非常”和“比较”等词汇进行评价，再用模糊数学方法使模糊信息数值化，以便得出量化的结论，而这个结论很大程度上是“模糊”的。再者，由于评价指标的单一性和参评对象的复杂性，很难对复杂的设计问题给出有效而全面的解答。如从消费者的角度来评价，可能该产品的价格、使用性、安全性、可靠性和审美性是其关注的焦点；从企业来讲，可能更加注重的是产品的成本、利润、可行性、加工、生产周期和销售前景等方面。因此，产品设计评价更多的是将各个方面的平衡性来作为设计方案优劣的标准。

各种物体因吸收和反射光的电磁波程度不同，而呈现出赤、橙、黄、绿、青、蓝、紫等十分复杂的色彩现象。色彩既有色相、明度、纯度属性，又有色性差异。色彩对人的生理、心理产生特定的刺激信息，具有情感属性，形成色彩美。如红色通常显得热烈奔放，活泼热情，兴奋振作；蓝色显得宁谧、沉重、忧郁、悲哀；绿色显得冷静、平稳、清爽，白色显得纯净、洁白、素雅、哀怨；黄色显得明亮、欢乐等。色彩是满足人类需求必不可少的视觉元素。一个好的产品设计必然能使生活在其中的人得到心理、生理等诸多方面的满足，而色彩的整体设计是营造产品设计的关键，色彩就是生命。色彩可以体现个性美，比如性格开朗、热情的人，喜欢暖色调；性格内向、平静的人，喜欢冷色调。色彩是一种信息刺激，要根据用户的年龄、性格、文化程度和社会的不同，设计出适合各自的色彩，才能满足精神和视觉上的需要。比如，从红、橙、黄等暖色会使人联想到阳光火焰和太阳给人的温暖，可以使人舒畅，白、蓝和绿等冷色会联想到冰雪、海洋，而感到清凉。产品所具有的总体色彩感觉，它可以表现出生动、活泼，也可以表现出精细、庄重，还可以表现为冷漠、沉闷或是亲切明快等。色彩的选择应格外慎重，一般应根据产品的用途、功能、结构、时代性及使用者的喜好等，艺术地加以确定，确定的标准是色彩一致，以色助形，形色生辉。

色彩设计作为产品设计的一个重要组成部分，产品色彩设计评价也同样具有相对性和模糊性。如产品设计中，究竟是红色好还是绿色好，这很大程度上依靠的是直觉判断和经验判断。虽然，对于色彩的评价主要靠直觉和经验的判断为主。但通过一定的从感观到量化的方法，人们可以基本上保证色彩评价的准确性。各种不同的评价方法及评价要点见表7-1。

表7-1　色彩设计效果评价表

	方法	装置与方法概要	评价的重点
视觉效果评价	瞬间观察法	利用瞬间曝光器、投光器等设备进行色彩推测及辨别判断	辨识度、可视度、陈列效果
	连续刺激法	在一定的时间内连续看着多种色彩，接受刺激	记忆度、视觉震撼力、有意义度、趣味性、诱目性
	视野竞争法	在视野中表现强烈的竞争力	记忆度、视觉震撼力、有意义度、趣味性、诱目性
情感效果评价	联想检查法	在一定的时间内针对选定的色样书写各种联想语	联想的种类和频率、喜好度、审美度、了解度
	相对比较法	在一组色样中相互比较	
	顺位法语义差异法	在选定的色样中写出喜好的顺位。将选定的色彩置放在一相对形容词的尺度上，给予评定其意象	喜好度、审美度、了解度、色彩形象、色彩特性
其他评价	模拟改装法	将原有的产品仅作色彩的改变，其余维持不变，以进行产品品质评价	品质评价及对色彩的影响力
	模拟商店法	让受调查者用现金购买，从中调查其购买动机和行为	购买程度
	选择法直接面谈法	让受调查者从设定的色样中选择并提出询问监视者、记录者的意见及感想	喜好度、选择性、消费者的直接心声

单元训练和作业

【单元训练】

应用色彩设计效果评价表，评价图7.8的工具类系列产品的色彩设计效果，体会工具类产品设计色彩系列化价值观，总结其中的产品设计色彩观念的不同。对产品设计工具进行色彩系列化价值评估，并完成产品设计色彩评估表。

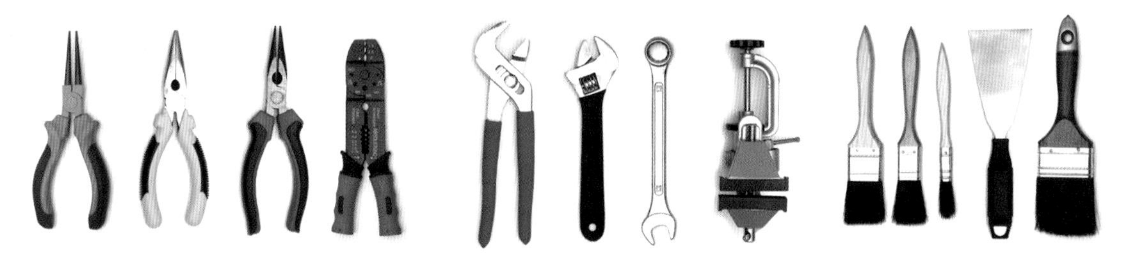

图7.8　工具类产品

【思考题】

- 如何理解消费者和设计师的产品设计色彩价值观?
- 计算机辅助设计在产品设计色彩中有哪些重要性?
- 如何理解产品设计色彩的市场价值观?
- 为什么产品设计色彩要进行系列化处理?

本 章 小 结

每个人都有自己的价值观，价值观代表着一个人对周边事物的是非、善恶和重要性的评价。消费价值观可以被认为是人在消费行为活动中，对于行为客体(商品)的评价标准和看法。消费者的色彩价值观是绝大多数个体消费者的色彩喜好在宏观层面上的概括，代表了多数人对于消费行为过程中相关色彩概念的评价标准。

第 8 章　产品设计色彩情感属性

本章概述：

本章主要讲解产品设计色彩的情感属性，色彩能使人产生联想和感情，色彩作为产品的外观，具有审美性和装饰性，并具有符号意义和象征意义。产品的色彩来自于人的视觉感受和生理刺激，以及由此而产生的丰富的经验联想和生理联想。因此，作为形态以外的另一个设计要素，色彩是无可替代的信息传达方式和最富有吸引力的设计手段之一。在产品设计中，利用色彩感情规律，可以更好地表达产品设计信息，唤起人们的情感，引起人们对产品的兴趣，最终影响人们的选择与消费。大自然丰富的色彩使人产生各种感觉，不同的颜色使人产生不同的情绪，从而引起人的心境发生变化。心理学家对颜色与人的心理健康进行了研究。研究表明，在一般情况下，各种颜色都会给人的情感带来一定的影响，使人的心理活动发生联想性与象征性变化。

训练要求和目标：

本章要求全面掌握产品设计色彩要素，深刻理解产品设计色彩的情感性特征。

本章主要学习以下内容。

■ 掌握产品设计色彩的色相、明度、纯度三要素

■ 理解产品设计色彩情感的表达形式

■ 理解产品设计色彩联想性情感特征

■ 理解产品设计色彩的象征性情感特征

8.1 产品设计色彩要素

从产品的色彩设计中，可以主要分析产品设计色彩的三要素及产品设计色彩情感的表达形式两个方面的内容，从而更好地把握产品的产品设计色彩的情感属性(图8.1)。

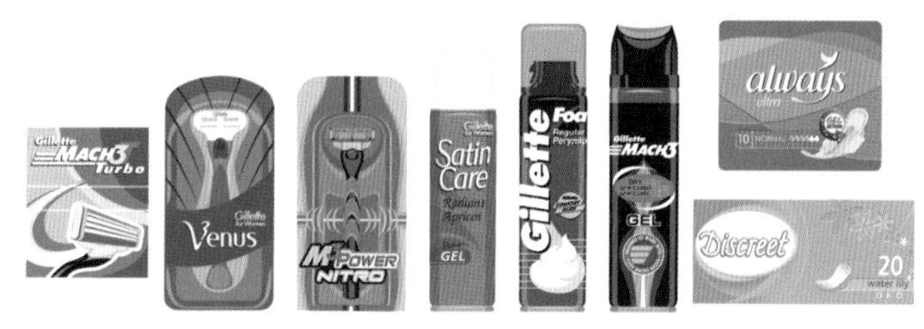

图8.1 产品设计色彩

在视觉上，色彩是无法用一般的量值来衡量的。只能用3个特殊的物理(客观)量：波长、纯度和振幅来描述，通常人们用相应的3个心理(主观)量：色相(Hue)、饱和度(Saturation)和明度(Brightness)来描述(简称“HSB颜色空间”)，即“色彩三要素”或“色彩三属性”，如图8.2所示。这种习惯表示法基于人的颜色感觉和观察，对于颜色的分类、命名、比较、测量和计算非常重要，而且使用起来有规律可循、简便而直观，因而大多数色彩系统都是根据色彩的属性来进行系统分类、归纳、排列。任何色彩都具备这三属性，缺一不可(无彩色仅具有明度数值而不具备色相、饱和度的属性)。而色彩属性彼此又互不联系，两个不同色彩至少有一个属性不相等，只有3个物理及心理量感全部相等的色彩才是完全相同的。正是由于色彩三属性的细微变化，才造成了其面貌、性质和象征意义的无穷变化。色相、明度及饱和度虽分别与主波长、光强以及光谱能量分布有关，但它们并不是光的物理属性，而是色彩观察的视觉心理量和主观感觉。将颜色并置起来比较，其表面印象最为不同的便是红、黄、绿或蓝，这种色彩相貌和名称上的差异性被描述为“色相”，也是色与色彼此相互区分最明显的特征。色相由刺激人眼的光谱成分所决定，可见光谱不同，波长的辐射在视觉上就表现为特定的色相和色彩感受。红色感是700nm的主波长视觉响应的结果，若在红颜料中加入不同量的白、灰或黑可得出不同鲜浊、明暗的色彩，但这些色彩仍然属于一个色相，因为主波长因素未变。在彩虹中，大自然醒目地展现除红紫色以外(此为通过混合可见光谱色的两端红和紫罗兰而获得的不可见光谱色彩)的全色相光谱序列。将光谱色的色带作弧状弯曲，加上不存在于光谱中的品红色，可形成一个色相循环渐变的圆形封闭圈，称为“色相环”、“色环”或“色轮”，如图8.3所示。

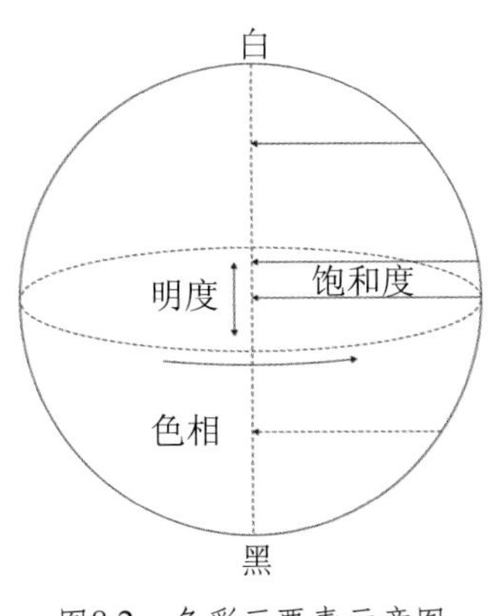

图8.2 色彩三要素示意图

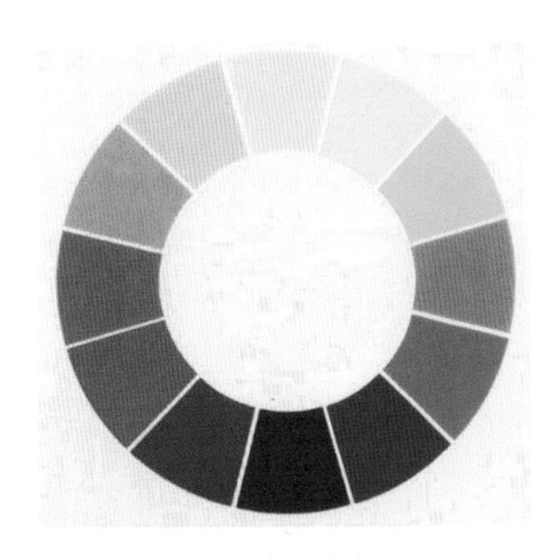
图8.3 十二色相环

由于连续的色相环既难以命名，又难以管理，所以将连续变化的色相环均匀分段，以每段中间的色彩作为该段的色彩代表，构成各种分段的色相环。人眼视网膜的感色细胞对光谱中不同波长色光刺激的敏感性并不相同，如对490～590nm附近的青绿和橙黄色光特别敏感，只要波长有1~2nm的变化．具有正常彩色视觉的人就能分辨；对绿色光谱段需要波长有3～4nm的变化才能区别；而人眼对光谱两端的红和蓝紫光谱段波长变化(>655nm，<430nm)的反应能力非常迟钝。一般人眼可以分辨的光谱色色相为100多种，谱外色约30种(若加上明度和纯度变化因素则为l00多种)。对色彩高度敏感的色彩设计师或具有画家的潜质的人，其色相的辨认能力会大大超过130种。

从两色并置比较中可以看出，一色也许显得比另一色亮或暗，这种人眼所感受到的色彩的明暗程度叫做“明度”、“亮度”、“灰度”或“色阶”差异。人眼对明暗的改变很敏感，反射光很小、甚至小于l%的变化，人眼也能感觉出来。色彩明度通常取决于人眼所感受的辐射能的量，由于它们反射(透射)光量的不同，会产生明暗强弱的差异，可用反射率(透射率)来表示。相同色彩物体或消色物体表面的反射率越高，它的明度就越高，也就是指各个色彩物体在明度上越接近白色则明度越大，越接近黑色则明度越小。根据人眼的光谱光效率函数，不同色相的光谱色即使反射率相同，明度也不尽相同，黄、黄橙、黄绿等色的明度最高，橙比红色的明度高，蓝与青色要暗些，如图8.4所示。由于明度差

黑	灰-90%	灰-80%	灰-70%	灰-60%	灰-50%	灰-40%	灰-30%	灰-20%	灰-10%	白
黑	墨绿	紫	蓝	红	绿	橙	天蓝	黄	浅黄	白
0	1	2	3	4	5	6	7	8	9	10

图8.4 明度色阶示意图

别，同一种色相具有不同色彩，如同一种绿色可以分为明绿、淡绿、暗绿等，正是色彩有明暗差异，画面才能显示出层次和立体感。白颜料反射率很高而黑颜料反射率极低，故在某种颜色中加白可提高其明度，加黑会降低其明度。在颜色明度改变的同时，其饱和度也会变化。人们能比较准确地判断颜色的明暗对比，根据研究，人眼能分辨明暗层次的数

目约在600种左右，但由于光适应作用，要准确判断某一颜色的绝对明度却是困难的。此外，眼分辨明度差别的精确性还决定于照度水平，亮度太大或太小时人眼分辨差别的灵敏度都会降低，只有在亮度适中场合明度分辨力才能处于最佳状态。

拿两种颜色再作并置比较，一色也许比另一色显得更强烈或混浊，这可以术语“饱和度”、“纯度”或“彩度”来命名，意指反射或透射光线接近光谱色的程度，或者说是表示离开相同明度中性灰色的程度，光谱色的饱和度最高，消色的饱和度为零。在纯色颜料中加入白色或黑色后就会降低其饱和度，故饱和度可理解为含颜色多少的程度，也可说是含“灰”的程度。具体来说，饱和度高低是纯色与无彩色混合比例高低的结果，若饱和度高，则含中性灰色量少：若饱和度低，则含中性灰色量多。高饱和度颜色的色相表现明显，低饱和度色彩则色相不明显，所以，高明度浅色、极灰或极暗的色往往难以分辨其色相而色相感模糊，如图8.5所示。物体色饱和度取决于其表面反射光谱色光的选择性，物体对光谱某一较窄波段反射率高，而对其他波长的反射率很低或没有反射，则表明它有很高的光谱选择性，其饱和度就高。如果物体能反射某一色光，同时也能反射一些其他色光，则该色的饱和度就小。色彩饱和度与呈色物体的表面结构有关，如果呈色表面结构光滑，表面反射光单向反射，这时对着反射光观察，由于光线亮得耀眼，饱和度较低，而在其他方向由于反射白光很少，色彩饱和度就高。如果表面结构粗糙，呈漫反射光，即在任何方向上都有白光反射，在一定程度上就冲淡了色彩的饱和度。不同光谱色与等亮度消色之间能分辨的饱和度级数是不等的，而且相差还较大，其中红色最多，有25级，而黄色最少，只有4级。

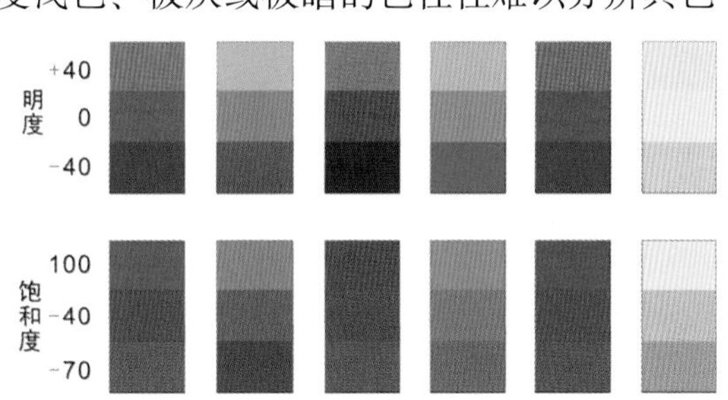

图8.5　明度与饱和度之间的比较

8.2　产品设计色彩情感表达

8.2.1　色彩的冷暖感

色彩的冷与暖是因物理光与人的视觉经验以及心理联想而形成的一种作用于人心理的感觉，它通常由色相的差别而决定。以孟赛尔色相环为例，其大致范围是红–橙–黄为暖色系；蓝绿–蓝–蓝紫为冷色系；绿–黄绿–紫–红紫为中性色系，如图8.6所示。

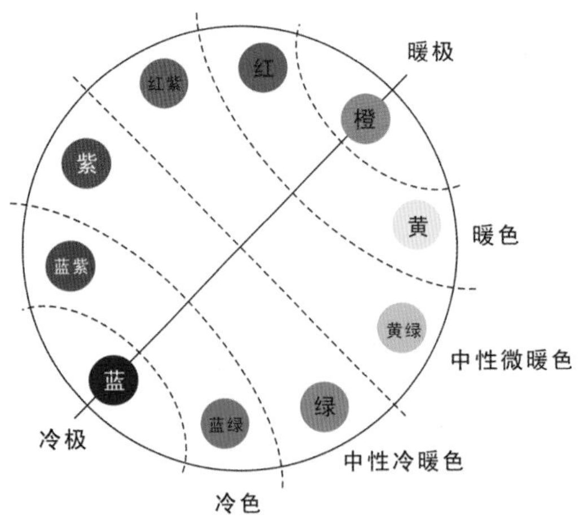

图8.6 以孟塞尔色相环划分的冷暖色

如前所述，色彩的冷暖感觉通常是由色相决定的，而关于色彩冷暖的感知主体则是人，因此人们对色彩的联想是色彩冷暖感产生的主要原因。如黄、橙、红等色使观者在视觉上联想到阳光、火焰，进而产生暖的心理感觉；而蓝、青和青绿等色使人联想到水、冰，进而产生冷的心理感觉。相对于上述的冷、暖色，像绿色、紫色、黑色、白色、灰色等，可称为中性色。中性色是不“冷”也不“暖”的色彩。这种区分只是泛泛的。在实际运用中，中性色与暖色或冷色相对比，色感却会发生变化，如与冷色并置时有温暖感，与暖色并置时有寒冷感。冷色和暖色除了给人们以温度上的不同心理感觉外，在不同的情况下，还有其他的感觉。冷色会让人感到深远、透明、稀薄、冷静等；暖色则伴随着浓密、厚重、迫近、兴奋等。

色彩的冷暖感觉与明度也有着直接的关系，如在暖的橙红色中加入白色，降低橙红色的明度，使其变为淡粉色，就会产生凉爽的感觉；相反，如果在冷的青色中加入黑色，使其变暗，就会比高纯度的青色显得有暖感。

色彩的冷暖感觉与纯度也有关联，如在暖色相中，色的纯度越高，暖的感觉就越强；在冷色相中，色的纯度越高，冷的感觉就越强。纯的橙红色和纯的青色是暖色与冷色的两极，绿色和紫色不冷也不暖，被称为中性色。无彩色的白色使人感觉冷，黑色使人感觉暖，灰色属于中性。

借用色彩的冷暖性可以表达出人的不同情感，一般冷色系可以用来表现冷淡、悲哀、镇定、冷静、淡漠等消极性情绪，暖色系传达出热情、欢喜、激动、兴奋、温情等积极情绪。

在色彩设计中，人们以可根据人对色彩的冷暖感觉，结合功能与设计意图的需要，发挥冷色或暖色对设计方案的辅助作用。如对室内设计而言，不同的环境色可以引起不同的心理与生理感受，见表8-1。如一般餐厅若采用暖色系作为环境主色调，可增进顾客的食欲；而冷饮店则需要采用冷色系，增加进食时凉爽的感觉，进一步满足顾客的饮食要求。再如朝北的房间比较阴暗，可采用高明度的暖色系提高室内的明度，产生温馨的感觉；相反，朝南、光线强的房间，则可采用冷色系或中性色系。仅仅通过色彩的设计与调和，就可使室内空间更加适宜人的居住。在产品色彩设计中，利用色彩冷暖属性的案例也是相当多的。如图8.7、图8.8所示，座椅多用于家庭，增加室内温馨的感觉；而冷色系的座椅大多用于公共场所或办公场所，让人产生冷静、理性的感觉。

表8-1　不同环境色引起的感觉变化

蓝绿的室内环境	红橙的室内环境
人们在室内温度为15℃时还会感觉冷	人们在室内温度11～12℃时才会感觉冷
人体血液循环较慢	人体血液循环稍快
人体血压正常，呼吸及脉搏均正常	人体血压略升高，呼吸及脉搏均加快
运动后，在此环境中人(包含部分动物)可以很快安定	运动后，在此环境中长期居留，会有烦躁不安感

图8.7　冷色产品

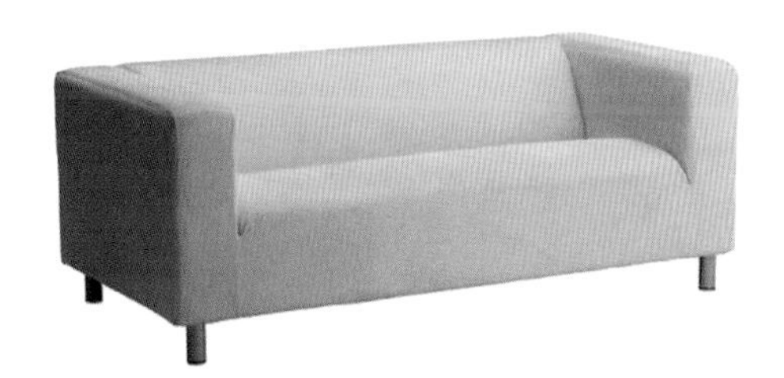
图8.8　暖色产品

另外，冷色与暖色还会产生不同的空间感。如在两个相同的圆形上，分别涂上橙色与青色，橙色的圆令人们产生接近、扩张、轻浮的感觉，而青色的圆形则产生后退、收缩、下沉的感觉。在色彩使用中，可利用这些视觉心理上的“错视”现象来调整空间和尺寸的宽窄、高低、大小、轻重。如当室内空间过于狭窄时，可以采用冷而明度高的色系来调整空间感觉，使其显得宽敞起来；如果室内空间过于空旷、松散时，可采用暖而明度稍低的色系，使室内空间在感觉上显得集中、紧凑。

8.2.2　色彩的进退和胀缩

色彩除冷暖外，在视觉上还有膨胀感和收缩感，这与色光的波长有关。因为波长的差别，光的折射率就有差别。当各种不同波长的光同时通过人眼的水晶体时，聚集点并不全落在视网膜的平面上，因此在视网膜上形成的影像的清晰度就有一定差别。在视觉认知上，长波长的暖色在视网膜上所形成的影像似乎模糊不清，具有一种扩张性；短波长的冷色影像相对比较清晰，具有某种收缩性。这也可以解释在日常生活中，若长时间凝视红色，会产生眩晕感，同时景物形象变得模糊不清似有扩张运动的错觉；如果改看青色，就可以消除这种视觉感受。如果将红色与蓝色对照着看，色彩的膨胀感和收缩感就会更加明显。

色彩的膨胀感、收缩感不仅与色光的波长有关，还与明度有关。由于“球面像差”物理原理，光亮的物体在视网膜上所成影像使物体看上去轮廓外似乎有一个光圈围绕着，使物体在视网膜上的影像轮廓比实际尺寸扩大了，如通电发亮的电灯钨丝比通电前的钨丝似乎要粗得多，生理物理学上称这种现象为“光渗”现象。约翰·沃夫冈·冯·歌德(Johann Wolfgang Von Goethe，1749—1832年)在《论颜色的科学》一文中写道：“两个圆点同样面积大小，在白色背景上的黑圆点比黑色背景上的白圆点要小1/5。”在日出和日落时，太阳似乎把地平线压出一个凹陷，这也是“光渗”现象引起的视觉错觉。再如一些商家为了能在琳琅满目的货架上使自己的产品更显眼、突出，往往在系列产品的色彩上加入了黄色款或红色款的产品，如图8.9所示，虽然黄色系的产品并不受消费者的欢迎，但却为吸引消费者的眼球作出了贡献。还有，为了在视觉上扩大建筑或交通工具的室内空间，色彩设计宜采用乳白、浅米、象牙等淡雅明快的色调，如图8.10所示，像卫生间等特别狭小的空间还可以利用镜子作墙面。

图8.9　不同色相产品色彩体现出的进退感

图8.10　利用亮度增大空间

8.2.3　色彩的轻重感

色彩的轻重感主要取决于色彩明度的变化，其次是纯度的影响。红色彩组合中，高明度(明亮)的色看上去显得轻，低明度(深暗)的色看上去显得重。如果明度相等，纯度高的色感觉轻，纯度低的色则感觉重，如图8.11所示。人们对客观物体的判断总是以视觉认知信息为主导。因此，即使是同样重量的不同物品，由于外表色彩的不同，会给人以不同的轻重感。有这样一个实验：在被测试者的左右手放置重量体积相等而色彩不同的盒子，当提醒测试者关注盒子的颜色后，他会感觉左右手的盒子在重量上有差异，当调整盒子重量直至被测试者感觉两边相等时，红、黑、白三色的重量分别是830g、800g和880g。可见，若想物体达到视觉上的重量平衡，颜色起着一定的影响，即黑色感觉重，红色次之，高明度的白色则感觉最轻。

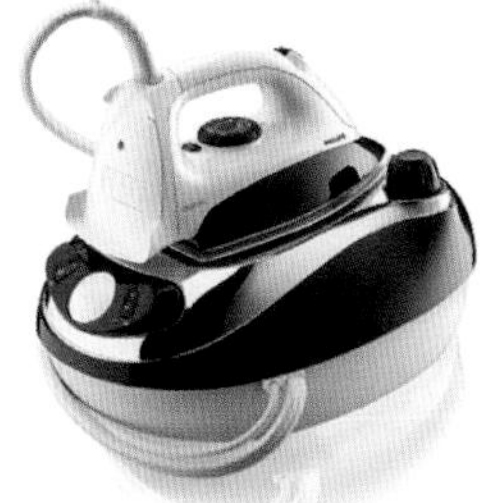

图8.11　明度与色相变化引起产品的轻重感觉差异

色彩在视觉上轻重感的处理在色彩设计中是极为重要的。如室内设计，通常是上部(天花板、墙)为明亮的浅色，地面、家具为中深色。如此安排符合人习惯于上轻下重的视觉心理感受；在商品包装设计中，设计师往往把局部的深色放置在下端；在产品设计中，也往往把产品的底部色彩加重，以增强产品在视觉上的稳定感，如图8.12所示。

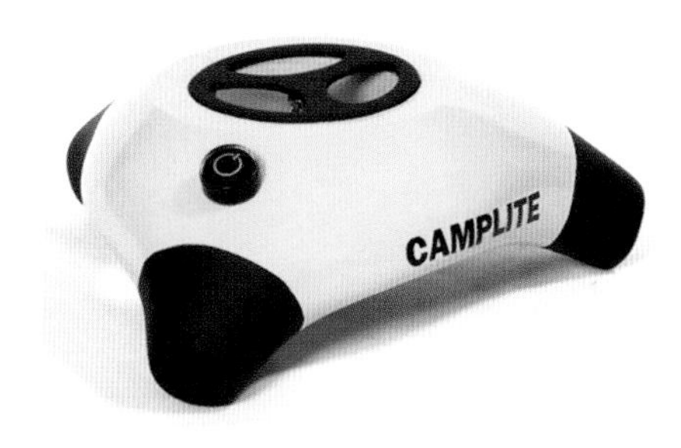

图8.12 在产品色彩设计中，视觉感重的色彩用在下部

8.2.4 色彩的软硬感

色彩在视觉上呈现出的软硬感主要来自色彩的明度，而纯度对其的影响则不甚明显。色彩明度越高感觉越柔软，明度越低则感觉越坚硬。明度高、纯度低的色彩有柔软感，中纯度的色也可呈现出柔软感；而高纯度和低纯度的色彩都呈现出坚硬感，若它们的明度降低则硬感更明显；纯色相通常呈现出硬感，且各色相间没有明显的差异，而纯色加白，则增加软感，纯色加黑则硬感相对不变，而纯色加灰，随着含灰量的递增，则由软感向硬感变化。

对色彩软硬感的设计运用在服装设计以及纺织品设计中较为明显。如柔软或稀薄织物的理想用色是高明度的浅色——浅莲、浅米黄、粉绿、浅蓝等，是绒布、涤棉、麻纱等织物的常用色；而中厚织物或呢绒类织物，一般用有坚实感、色相感不明显的深暗色，如深褐、暗绿、绛紫及暗红等；在产品设计中，也有对色彩软硬感特性的使用，如图8.13所示。当然色彩的软硬感还和材料、工艺等的光泽度有相当大的关系，一般光亮的色泽要比亚光色泽来的硬，因此，很多产品在使用“硬色”时，为了使其不显得太过于坚硬，往往采用亚光的工艺处理方法。

图8.13 产品色彩中，黑色比灰色感觉要坚硬

8.2.5 色彩的华丽感与朴素感

色彩既可以给人华丽雍容的感觉，又能给人朴实无华的韵味。色彩的华丽感主要取决于色彩高纯度的对比配置，其次是明度和色相的微妙变化。凡是鲜艳而明亮的色彩都具有华丽感，而深暗的色彩则具有朴素感；有彩色系具有华丽感，无彩色系具有朴素感，如图8.14所示；强调色相对比的配色具有华丽感，其中运用补色最为华丽；强对比色调具有华丽感，弱对比色调具有朴素、古雅感；等等。

色彩的华丽与朴素还体现在对质感和肌理的合理运用上，表面光滑、闪亮的色彩容

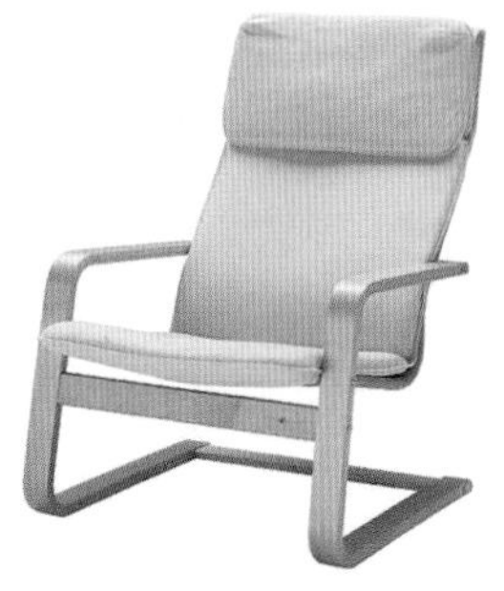

图8.14　无彩色感觉朴素

图8.15　彩色和光泽感觉华丽

易呈现华丽的视觉感染力，如图8.15所示，表面粗糙、对比弱的，则易体现出朴素的“味道”，色彩的华丽与朴素感在设计中的应用是非常普遍的，其应用于不同的场合、不同的目的、不同的消费者，是应该严格区分的。如高级酒店的室内装饰通常采用华丽的色彩来增加档次，而普通的饭店则采用自然朴素的色彩和材料来吸引中低消费者人群，一些有特色的饭店也可以应用朴素的色彩和材料来体现独特“品位”。

8.2.6　色彩的跳跃感(兴奋感)与沉静感

对色彩的兴奋感与沉静感影响最显著的是纯度，色相和明度也均有影响。参照孟赛尔色彩体系，色彩纯度上，C8为中性色，C9及以上为兴奋色，而C7及以下为沉静色；以明度分析，V8为中性色，V9及以上为兴奋色，V7及以下为沉静色。可见，高纯度或高明度的色彩具有兴奋感，而中低纯度或中低明度的色彩具有沉静感。以色相分析，紫、绿为中性色，蓝紫、蓝、蓝绿属沉静色，而紫、红、品红、橙、黄、黄绿都属于兴奋色。

在色彩设计中，应依据不同的设计意图和使用环境对色彩的兴奋与沉静作不同的选择，如娱乐场所、公共场所标志、城市广告、标语以及儿童用品、玩具等，以用兴奋色为宜，而家庭室内装饰、休息场所、医院等则用沉静色为多。

8.3　产品设计色彩的联想性情感

色彩本身只是一种物理和视觉现象，甚至不属于人们常规认识中的物质范畴。它之所以会对人们产生心理和生理作用，一方面在于前面提及的色彩本身对于人们视觉的刺激，另一方面在于当人们看到色彩时常常会联想起与该颜色相关联的事物，进而产生相应的情绪和情感变化，这种联想被称为色彩的联想。如看到黄色就容易想到香蕉和菠萝；看到红色就会想到草莓、苹果和太阳；看到蓝色就会想到大海和天空；等等。色彩具有可以诱发出某种观念的力量。色彩的联想是通过引起人过去的经验、记忆或知识而取得的。

色彩的联想可分为具象联想和抽象联想两大类。

(1) 具象联想——指色彩与客观存在的实体之间的联想性，即看到某些颜色而联想到基一具体事物。如白色使人联想到白云、白雪、白糖；黑色使人联想到夜晚、墨汁、煤；红色使人联想到红旗、红花、鲜血、太阳；橙色使人联想到橘子、柿子、橙子；黄色使人联想到柠檬、向日葵、香蕉；绿色使人联想到春天、草地、绿叶；蓝色使人联想到天空、海洋；紫色使人联想到葡萄、紫罗兰、紫药水等。

(2) 抽象联想——指由观看到的色彩想象到某种抽象性逻辑概念的色彩心理联想形式，也就是色彩在人们心理上的感觉。如看到白色会联想到神圣、高尚、清洁、纯真；看到黑色会联想到肃穆、悲哀、死亡、恐怖、阴沉的脸；看到红色联想到热情、革命、危险、伤痛；看到橙色联想到华丽、甜美、温暖、金色的秋天；看到黄色会联想到希望、光明、崇高；看到绿色联想到青春、和平、生命、蓬勃的生机；看到蓝色联想到理智、平静、智慧、永恒；看到紫色联想到高贵、优雅与朦胧的花香；等等。

针对色彩的联想研究，可以从日本舞台设计师大庭三郎，见表8-2，及克拉因，见表8-3的汇总表格中看出色彩给予人极丰富的联想，除了上述的两个色彩联想情感价值表，还有日本色彩学家冢田敢针对色彩的具象联想和抽象联想对不同年龄、性别的1400人进行调查的汇总表，见表8-4。

表8-2　大庭三郎的色彩联想情感价值表

色彩	联想到的事物	心理上的感受
红	血、火焰、日出、战争、仪式等	热情、激怒、祝福、警惕、革命、勇敢等
橙红	仪式、日落、罂粟花等	古典、警惕、信仰、勇敢等
橙	夕阳、日落、火焰、橙子等	威武、诱惑、警惕、正义、勇敢等
橙黄	收获、路灯、橘子、金子等	喜悦、丰收、高兴、幸福等
黄	柠檬、佛光、小提琴(高音)等	光明、快乐、向上、发展、嫉妒、庸俗等
黄绿	嫩草、新苗、春、早春等	希望、青春、未来等
绿	草原、植物、麦田、平原、南洋等	和平、成长、理想、悠闲、平静、青春等
蓝绿	海、湖水、宝石、夏、池水等	神秘、沉着、幻想、久远、深远、忧愁等
蓝	蓝天、海、日夜、果实、钢琴等	神秘、高尚、优美、悲哀、真实、回忆等
紫蓝	远山、夜、深海、黎明、死、竖琴等	深远、庄严、天堂、无情、神秘、幻想等
紫	梦、藤萝、死、大提琴、低音号等	优雅、高贵、幻想、神秘、宗教、庄重等
紫红	牡丹、日出、小豆等	绚丽、享乐、性欲、高傲、华丽、粗俗等
淡蓝	水、月光、黎明、疾病、钢琴等	孤独、忧伤、优美、清净、薄命、疾病等
淡粉红	少女、樱花、春、梦、大波斯菊等	可爱、羞耻、天真、诱惑、幸福、想念等
白	雪、白云、日光、白糖等	神圣、快活、光明、清净、明朗、魄力等
灰	阴天、灰、老朽等	不鲜明、不安、狡猾、忧郁、不明朗等
黑	黑夜、墨、丧服等	罪恶、恐怖、邪恶、无限、高尚、寂静等

表8-3 克拉因的色彩联想情感价值表

色彩	客观感觉	生理感觉	联想	心里感觉
红	辉煌、激动、豪华、跳跃(动)	热、兴奋、刺激、极端	战争、血、大火、仪式、圆号、长号、小号、罂粟花	威胁、警惕、热情、勇敢、气势、激怒、野蛮、革命
橙红	辉煌、豪华、跳跃(动)	烦躁、热、兴奋	仪式、小号	暴躁、诱惑、生命、气势
橙	辉煌、豪华、跳跃(动)	兴奋(轻度)	日落、秋、落叶、橙子	向阳、高兴、气势、愉快、欢乐
橙黄	闪耀、豪华(动)	温暖、灼热	日出、日落、夏、路灯、金子	高兴、幸福、生命、保护、营养
黄	闪耀、高尚(动)	灼热	东方、硫黄、柠檬、水仙	光明、希望、嫉妒、欺骗
黄绿	闪耀(动)	稍暖	春、新苗、腐败	希望、不愉快、衰弱
绿	不稳定(中性)	凉快(轻度)	植物、草原、海	和平、理想、宁静、悠闲、道德、健全
蓝绿	不稳定呼应(静)	凉快	海、湖、水池、玉块、玻璃、铜、埃及、孔雀	异国情调、迷惑、神秘、茫然
蓝	静、退缩	寒冷、安静、镇静	蓝天、远山、海、静静的池水、眼睛、小提琴(高音)	灵魂、天堂、真实、高尚、优美、透明、忧郁、悲哀、流畅、回忆、冷淡
紫蓝	静、退缩、阴湿	寒冷(轻度)、镇静	夜、教堂窗户、海、竖琴	天堂、庄严、高尚、公正、无情
紫	阴湿、退缩、离散(中性)	稍暖、屈服	葬礼、死、仪式、地丁花、大提琴、低音号	华美、尊严、高尚、庄重、宗教、帝王、幽灵、豪绅、哀悼、神秘、温存
紫红	阴湿、沉重(动)	暖、跳动的、抑制、屈服	东方、牡丹、仨色瑾、地丁花	安逸、肉欲、浓艳、绚丽、华丽、傲慢、隐瞒
玫瑰	豪华、突出、激烈、耀眼、跳动(动)	兴奋、苦恼	深红礼服、蔷薇、法衣	安逸、虚荣、好色、喜悦、庸俗、粗野、轻率、热闹、爱好华丽、唯物的

表8-4 冢田敢的色彩具象联想、抽象联想调查表

色彩	具体联想				抽象联想			
	小学生		青年		青年		老年	
	男	女	男	女	男	女	男	女
白	雪、白纸	雪、白纸	雪、白云	雪、砂糖	清洁、神圣	洁白、纯白	洁白、纯真	洁白、神秘
灰	鼠、灰	鼠、云灰	灰、混凝土	云、冬天	忧郁、绝望	忧郁、阴森	荒废、平凡	沉默、死亡
黑	炭、夜	毛发、炭	夜、阳伞	墨、套服	死亡、刚健	悲哀、坚实	生命、严肃	阴沉、冷淡
红	苹果、太阳	郁金香、洋服	红旗、血	口红、红鞋	热情、革命	热情、危险	热烈、鄙俗	热烈、幼稚
橙	蜜柑、柿子	蜜柑、胡萝卜	香橙、肉汁	蜜柑、砖	焦躁、可怜	低级、温情	甘美、明朗	喜欢、华美
褐	土、树干	土、巧克力	皮包、土	栗、鞋	涩味、古朴	涩味、沉静	涩味、坚实	古雅、朴素
黄	香蕉、向日葵	菜花、蒲公英	月亮、雏鸡	柠檬、月亮	明快、泼辣	明快、希望	光明、明亮	光明、明朗
黄绿	草、竹	草、叶	嫩草、春	嫩叶、衣服里子	青春、和平	青春、新鲜	新鲜、跳动	新鲜、希望
绿	树叶、山	草	树叶、蚊帐	草、毛衣	永远、新鲜	和平、理想	深远、和平	希望、公平
蓝	天空、海水	天空、水	海洋、天空	大海、湖水	大海、湖水	永恒、理智	冷淡、薄情	平静、悠久
紫	葡萄、紫菜	葡萄、桔梗	裙子、礼服	茄子、藤	高贵、古雅	优雅、高尚	古风、优美	高贵、消极

8.4 产品设计色彩的象征性情感

色彩本身可以给予人一种概念性的认知。因而基于某种社会、宗教心理与目的，人们对某种色彩赋予某个特定的内容，称为色彩的象征。某个色彩在人类的某个区域文化的某个历史阶段用以表示某种特定的内容，久而久之这个色彩就逐渐成为该事物的象征色。色彩的象征性意义也是对事物的高度抽象与概括，在于能深刻表达人的观念和信念，并在社会行为中起到了标志和传播的双重作用。逐渐地，色彩的这种象征性又是生存于同一时空氛围中的人们共同遵循的色彩使用尺度。

由于时代、地域、民族、历史、宗教、文化背景、阶层地位、政治信仰等的差异，世

界上的各个民族、地区、国家都有各自的色彩象征，并随之形成一定的使用规范。如在罗马天主教会的祭礼仪式中，教皇穿白色服装，主教、僧侣也都需穿上规定颜色的服饰，以此来表明自己的身份。在中国古代，色彩也具有“昭名分、辨等级”的功效。总之，色彩的象征性既是历史沉淀的特殊文化结晶，也是约定俗成的文化现象。在色彩设计中，人们必须要考虑色彩的象征意义，从而可以避免由色彩引起的利益损失，甚至纠纷和冲突。

(1) 色彩一旦形成了象征性之后，它就被纳入了某一特定的文化体系，成为该区域社会约定俗成的符号和语言。它具有一定的强迫性，当你接触这一符号时，不论自身是否喜爱，只要你生活在这一文化体系中，这种象征语义就成为你必须接受、无法摆脱的观念。它强调的是集体性。色彩象征语义在它所属的文化体系中已成为一种必须遵循的、约定俗成的社会性制约或规则，但色彩象征性具有的强迫属性也有其社会价值，色彩的象征性在一定时期、区域和民族范围内的许多方面易达成一致性，便于交流和传播。如在新中国成立初期，红色与所联想到的革命内容已被固定为一种社会观念，红色进而成为革命的象征(Symbol)，革命则成了红色的象征意义。另外，红色在中国传统文化中还用以表达喜庆的内容。

再如绿色，它象征着春天、生命、希望、和平、安全，所以国际上都以绿色的橄榄枝作为和平的标志。国际著名的倡导以非暴力的和平方式解决国内外争端以及保护生态平衡的组织，就称为绿色和平组织，还有现在所推崇的“绿色设计”(Green Design)，也是色彩象征性的表现。而蓝色象征着理智、尊严、高科技、真理等内容，在西方封建社会时期，蓝色又象征贵族，所谓“蓝色血统”是说明出身名门或具有贵族血统，而现代社会因为产业工人多穿蓝色衬衣，“蓝领”又被用以象征这一阶层。在一些轻工业产品中，蓝色象征高科技，能给消费者传达一种精确、智能、效率的视觉信息。而紫色在某些文化系统中象征优越、优雅、高层次，但也有孤傲、消极的象征意义。在西方，“紫色门第”曾经专指贵族子弟。在中国汉王朝时期，紫色棉布的印染十分昂贵，只有高官才能穿紫色官服，现在无论在东方或西方，紫色都被认为是一种高档的服装色。

(2) 由于诸多原因，色彩象征在不同历史时期、社会文化、宗教教义、语言环境中又具有很强的差异。色彩象征语义的形成也是一个过程，它会受到所在的人文环境与自然环境的制约，所以同一色彩会因地域、社会、时代乃至特定文化内容的不同，而被赋予不同的象征语义。如黄色，它在中国古代是最高智慧和权贵的象征，黄帝是中国上古时期的著名君主，又被后世儒家奉为历代君主应效仿、学习的楷模，他名字中的“黄”字被赋予特殊的政治意义，中国历代王朝中，凡是尊崇儒家的，黄色都有相当高的使用规制，特别在清王朝，黄色是皇室的专用色，皇帝坐的轿子为“黄屋”，走的路称“黄道”，出巡的旗子为“黄旗”等，而视觉上色相、明度辉煌的黄色也可显示万民之主的非凡地位。而在西方，由于圣经故事中出卖耶稣的叛徒犹大身穿黄袍，在基督教国家中黄色却是背叛、野心、狡诈的象征。这就是色彩象征意义在不同文化中的歧义性。而在现代色彩语汇中，黄色又是淫秽文化的代名词。

色彩的象征语义具有文化强迫性，它除内容因时代不同而表现出歧义性之外，象征性的强度也在变化。如中国古代曾用青、朱、白、玄(黑)来象征四季，有青春、朱夏、白秋与玄冬之说，也还用这四色来象征方位，有东为青龙、西为白虎、南为朱雀、北为玄武(黑龟)之说，而在现代人的大众文化内容里，这些色彩的象征语义微乎其微。

色彩象征语言还由于所纳入的文化领域的不同，即使在同一时代、同一地域的同一社会中也会产生象征语义的歧义性。在中国日常生活中，一般黑色象征悲哀，白色象征不吉利，红色象征革命，绿色象征和平，黄色象征淫秽。但是，这些色彩被纳入京剧这一特定的文化体系中时则被用来象征与大众文化不同的内容，京剧人物的本性：如黑脸的刚直、白脸的奸诈、红脸的忠耿、绿脸的凶险、黄脸的干练等。这种色彩象征语义因文化领域的不同，产生了一定的差异。

在现代设计中，色彩的象征性已被囊括在产品设计语义学的范畴之内，成为设计师重要的设计参考、研究内容。

单元训练和作业

【单元训练】

分别分析图8.16的红酒类产品设计色彩的特点，并总结出这类产品的设计色彩应用方式，体会这类产品设计色彩的情感特征。然后，根据所总结的经验，重新设计两款葡萄酒色彩方案。

西拉高级干红葡萄酒

苏维农高级干白葡萄酒

波尔多高级干红葡萄酒

图8.16　红酒类产品的色彩设计

【思考题】

■ 产品设计色彩情感的表达形式有哪些?

■ 什么是产品设计色彩联想性情感特征?

■ 什么是产品设计色彩的象征性情感特征?

本 章 小 结

色彩在本质上作为自然界的客观存在，只是一种物理现象，本身并不具有思想和情感，具有成熟的思想和情感的只有人。而人类是生活在一个属于自己的色彩的世界里，当人的思想与情感与色彩不断发生碰撞时，就会赋予色彩情感与思想。色彩的情感属性主要包括色彩的固有情感、色彩的联想性和象征性情感，以及人们对色彩的好恶心理。人对色彩的好恶感在不同历史时期有区别、在地域之间有区别、在民族之间有区别、在个人之间也有区别。它的形成受到多种因素的影响，如年龄、性别、家庭、个人修养、自然环境、宗教文化等，这些因素也是产品色彩计划中色彩定位的重要依据。

第9章　产品设计色彩流行性

本章概述：

本章主要讲解产品设计色彩流行性的知识内容，一个优秀的设计师必须对产品设计色彩、流行色及它们对产品设计的影响有深入的了解，产品设计色彩是艺术和科学结合的现代设计基本形态。产品设计领域的色彩主要是用来美化产品的。色彩作为设计的一个重要的构成要素，也被用来传达产品功能的某些信息。产品设计色彩要把形、色、质的综合美感形式与人、机、环境的本质有机地结合起来，才能取得完美的造型效果。流行色对于现代设计，特别是产品设计是十分敏感的，它不但体现于一种色相的选择，同时对于色彩的搭配也有一定的关系。一个与色彩流行倾向相吻合的产品设计，必然体现出一种现代感和时代精神。商业投资者与产品设计师共同努力预测并推动着新的色彩，希望这些色彩成为最新的产品设计流行色，以提高产品的吸引力。产品流行色是时代短暂的时尚，设计者不能盲目地跟从潮流，一个优秀的产品设计师，必须有严肃的创作态度，才能引领某些流行色彩，让产品更新换代，创作出许多精彩的产品设计作品。

训练要求和目标：

本章介绍产品设计色彩的流行性。

本章主要学习以下内容。

■ 了解产品设计色彩流行色

■ 理解产品设计色彩流行色预测理论

■ 掌握产品设计色彩与流行色的关系

9.1　产品设计色彩流行色简介

图9.1所示产品的特征主要表现在：①产品设计色彩是在产品设计色彩流行色预测理论预测下产生的。②产品设计色彩与同一时代的流行色紧密呼应，这是产品进行市场竞争的有力武器。

图9.1　纸巾系列产品的色彩设计

如同自然界中的万物拥有无数斑斓的色彩一样，人类社会也创造出了各种各样色彩绚丽的建筑、产品与设施。我们不能想象生活在灰色的世界里，色彩是人们生活环境中的一个不可或缺的必要因素。人们将生活空间内的各种人造物赋予各式各样的色彩外衣，让它们不再是冰冷的水泥、枯燥的木材、呆板的钢铁，而是一个个活生生的仿佛拥有各种性格与气质的“社会成员”。正如伟大的导师马克思讲过：色彩的感觉是一般美感中最大众化的形式。

不同季节、不同地域的自然环境，会呈现出不同的色彩特征和色彩倾向。同样，人类社会中不同时期、不同地区的色彩特征也存在着或多或少的差别，而且较之自然界更加丰富多彩、变化多端。在这些变化中，我们又能够发现一些占据主导地位、引领色彩风貌、带动整体变化的色彩特征和倾向，这若干种色彩类别被人们认为是这个时期或这个区域的流行色彩。

9.1.1　流行色的概念

流行色英文名称为“Fashion Colour”，意即时髦的、时兴的色彩，也可翻译成时装的色彩，也有称“Fresh Living Colour”，意即新颖的生活用色。广义上，流行色是指在社会生活中较为突出活跃的、广泛使用的或带有前卫先锋特质的色彩，是一种泛指的人们对色彩的形容和称呼，而狭义的“流行色”是指在流行色协会的组织下，从事装饰色彩设计的专家们根据国内外的市场消费心理和社会时尚仔细研究，预测市场流通变化，提前18个月拟定并向产品生产者推出的若干色相和互相搭配的色组。流行色一旦正式发布之后，就会对生产和生活的各个方面造成一定的影响力。

一般每一期公布的流行色都是数十种颜色构成的组合，这些色彩可以单独使用也可以搭配使用，并且附有主题词，一般用一些原始的图片和描绘性的文字诠释。色彩(色谱)、图片和文字这三者共同构成了流行色咨询的主体内容。美国棉花公司2012春夏季色彩流行趋势主题如图9.2～图9.5所示。

图9.2　Haunted 魂牵梦绕

这样的色彩组合就像是埃德加·爱伦·坡(美国著名诗人、小说家和文学评论家)式的澎湃激情遇到了但丁心目中神秘、美丽的比阿特里斯，展示出人们更想用智慧和美丽来解读的季节变迁，而不是平平淡淡地走过去。幽暗的色彩组合主打暗绿色、棕褐色和灰色，加上流行的合成粉色，散发出摄人心魄的魅力。幽暗的烛光让色彩披上一层忧郁、迷人的光晕，让人们欲罢不能。

踏上风情之旅，感触20世纪70年代朦朦胧胧的俗媚、褪了色的广告牌和霓虹灯，力图让这些表面上暗淡、了无生趣的回忆变得令人向往。在旅途中山脉、峡谷和海洋恢复原有的宏大，这样经典的旅行迫使人们重新审视人们与家庭、朋友和自身之间的关系。这样的旅行是对人们忍耐力的考验。引人注目、不落俗套的轻巧原色经过了黏土白和深蓝的调和变得略显柔和，汽车旅馆的浅蓝色和人造皮革的绿色又为此平添了怀旧与嬉戏的味道。

人们的冷漠逐渐遁形，心中油然升起敬畏感，欣赏环视四周的美。大自然的威力再次让人们显得渺小不堪，改变人们的视角。古老的制图术和古代的地图制作技艺让人们萌生好奇，期望在人与人之间以及想象中的世界划定边界。此色彩组合包括古董般中性的色调与海洋蓝和树叶绿构成的绚丽天然色，既古旧又感情饱满，面料充满喜悦的期待感：一个路径到了尽头，新的路径令人向往。

图9.3　Road Trip 风情之旅　　图9.4　Atlas 版图　　图9.5　Metamorphosis 变幻莫测

不断演变和适应不仅是人的天性，也是艺术、音乐和设计的本质。不同的媒介对概念有不同的演绎。一首歌可以催生出一尊雕塑，一尊雕塑又让人联想起一种舞姿，灵感就这样不断地从各种天马行空的想象中产生出来。人们不断变化的未来意味着人们的观念拥有很大的弹性，而且随时都有可能面目全非。此主题的关键在于打破常规的艳色混合，体现集合意识，而不是单独表达某种观念。隐约变幻的淡紫色和红色与橙色条纹完美融合，加上巧克力色和湖蓝色的铺垫，这一色彩组合讲述了一个不断演变的世界的故事。

9.1.2　流行色的特点

1. 鲜明性特点

图9.6　汽车产品的色彩

流行色作为一个时期内社会生活中独占鳌头的色彩风潮，必然具有相当的鲜明性，具有和其他色彩相区别的鲜明特征。例如，2004年冬季欧洲流行玫红色系，在一向以稳重的灰黑色系为主的欧洲秋冬季节，鲜艳跳跃的玫红色犹如耀眼的钻石，鲜明地点缀在城市的各个角落，可以被人们轻易地辨识、捕捉出来，它的鲜明特征是不言而喻的。图9.6展示了汽车产品的色彩。

2. 延时性特点

流行色的延时性特点包含两方面的含义，一方面指的是在某一季的流行色发布之后，这几组流行色并不会立刻就显现出在生产、生活中的“流行性”，也就是说不是一种即时性的显现和应用；另一方面，某一季的流行色不会因为下一季流行色的公布就立刻宣告结束，往往还会延续着它的流行特性，只是这种流行的程度会减低，流行的趋势会下降，然后会由另一些新的流行色逐渐取代其主导地位和时髦意味。可以说，无论是开始还是结束，流行色的显现和应用都不是绝对化的，它更是一种多元因素促成的相当感性的现象。

3. 周期循环性特点

当人们的眼睛注视着一堵绿色的墙数分钟后，移开视线时眼前会自动出现红色、绿色的补色。色彩理论告诉人们眼睛总是在寻找一种让心里最舒适、最平和的灰色，也就是说当人们接受一种颜色之后，眼睛会需求这种颜色的互补色来达到灰色的平衡，这样才能得到真正的美感和舒适。由于这个因素，流行色在宏观上也遵循了这样一种追求互补以达到视觉平衡的规律。

据日本流行色协会研究，蓝与红常常同时流行，成为一个波度，它们的补色橙与绿成为另一个波度，合起来是一个大约为7年的周期。而这又与人的生物规律相符合，人的生态正是每7年一次总代谢。流行色的高潮即新鲜感时期大约是1年半左右，交替期是3年半左右，在此期间会出现黑、白、灰等中性搭配色。比如这一年的冬季流行跳跃的、鲜艳的高饱和度色系，那么在第三年的春夏，或者第四年的冬季，也许流行色就会转向沉稳的、低调的灰棕色系。又比如电子产品长期保持着黑、白、灰的“严肃面貌”。近几年，越来越多的电子产品开始大胆使用鲜艳的色彩打破沉重色调一统天下的局面，给消费者视觉带来了新的愉悦感受，如图9.7所示。

图9.7　电子产品色彩设计

因此，可以说，从宏观上看，色彩的流行性往往遵循一种循环往复的态势，人们平时所说的“复古风潮”便是这种现象的一个表征。

9.1.3　流行色与常用色

流行色与常用色是一对互相联系、互相区别又相辅相成的概念，各个时期的流行色并不是绝对的，在每一时期新的流行色谱中都能看到上一期的某色彩的踪影，一色彩稳固地沿用下来，作为一些产品或领域惯用的基本色彩。它们的适应性广，适销时间延续性长，能多年保持不变。流行色与这些基本色互相依存、互相补充、相互转化，它们之间没有绝对的分界线。这些基本色彩便是被人们普遍认可的所谓常用色。如图9.8所示的儿童用品，以鲜艳明亮的色彩为主，用色较少受流行色的影响。

图9.8　儿童用品色彩设计

9.1.4 流行色协会与机构

流行色的研究与发布主要是由世界上的一些流行色协会与机构完成的，另外，还有一些有实力的世界级大公司也发布流行色。

1. 中国流行色协会

中国的流行色是由中国流行色协会制定的。中国流行色协会于1982年经国家民政部批准成立，是由全国从事流行色研究、预测、设计、应用等机构和人员组成的法人社会团体，是中国色彩事业建设的主要力量和时尚产业的前沿指导机构。

中国流行色协会作为中国科学技术协会直属的全国性协会，面向全国纺织、服装、建筑、美容、电子、化工等与色彩和时尚关联的企业、大专院校、科研所和中介机构等。中国流行色协会于1983年代表中国加入了国际流行色委员会(International Commission for Colour in Fashion and Textiles)。其主要业务包括：组织国内外市场色彩调研、预测和发布色彩流行趋势；代表中国参加国际流行色委员会专家会议，向社会推荐流行色应用的优秀企业和个人；主办相关时尚产业的大型活动，开展各项赛事，推广和普及流行色，传播时尚概念；从事色彩及相关时尚产品的设计和咨询服务，承担有关色彩项目委托、成果鉴定和技术职称评定等工作；开展中国应用色彩标准的研制、应用和推广；编辑出版流行色期刊和流行色应用工具及资料；开展国际交流活动，发展同国际色彩团体和机构的友好往来等。

中国流行色协会与世界许多著名的色彩与时尚机构和公司建立了密切的合作关系和业务往来，主要合作伙伴包括美国棉花公司、美国PANTONE色彩公司、美国HERE&THERE设计公司、英国GLOBALCOLOR RESEARCH色彩公司、法国PROMSTYL设计顾问公司、德国MODA INFORMATION 国际资讯公司、荷兰METROPLITATAN出版公司、日本DIC色彩集团、日本KAIGAI资讯公司、意大利IFALTEX公司、奥地利LANZING公司和奥地利SWAROVSKI公司等。与国际流行色委员会18个成员国代表机构以及美国流行色协会、日本流行色协会、韩国流行色协会等建立了资料和色彩信息交流等关系。

2. 国际流行色协会与机构

国际流行色的预测是由总部设在法国巴黎的“国际流行色协会”完成的。国际流行色协会各成员国专家每年召开两次会议，讨论未来18个月的春夏或秋冬流行色定案。协会从各成员国提案中讨论、表决、选定一致公认的3组色彩为这一季的流行色，分别为男装、女装和休闲装。国际流行色协会发布的流行色定案是凭专家的直觉判断来选择的，西欧国家的一些专家是直觉预测的主要代表，特别是法国和德国专家，他们一直是国际流行色界的先驱，他们对西欧的市场和艺术有着丰富的感受，以个人的才华、经验与创造力就能设计出代表国际潮流的色彩构图，他们的直觉和灵感非常容易得到其他代表和国家的认同。世界主要流行色组织、机构包括以下几个。

(1) 国际流行色协会(International Commission for Colour in Fashion and Textiles(Inter Color))。

(2) 国际色彩权威(International Color Authority)。

(3) 国际纤维协会(International Fiber Association)。

(4) 国际羊毛局(International Wool Secretariat)。

(5) 国际棉业协会(International Institute for Cotton)

9.1.5 流行色的应用领域

1. 纺织、服装行业

流行色概念最初产生于纺织、服装行业的，并反过来指导其更好地管理与发展。商家为了不断刺激消费，追求高额利润回报，自然成为流行色的拥护者、生产者、销售者甚至是制定者。最具有权威性的“国际流行色协会”(Inter Color)即是主要为纺织、服装领域服务的。

同时，许多国家自己的流行色协会也会提出并公布本国的流行色方案。

2. 广告艺术行业

服装设计从属于艺术设计的一个门类，流行色现象在艺术设计行业中也同样显示出日益明显的作用，这些作用也影响到广告艺术行业。例如，2004年秋冬欧洲刮起的“玫红色系”风暴也吹到了国内外的一些时尚女性杂志的广告设计上。

3. 产品设计行业

在产品日趋同质化的今天，无论是厂家、商家还是消费者都认识到色彩设计在产品设计中的重要地位。不同的色彩设计会令两件在功能和质量上完全一样的产品产生价格差异，会造成它们受顾客欢迎程度的不同；同时，视觉先导性也会不同程度地影响到消费者的选购倾向。既然色彩已经成为产品的一个重要因素，那么流行色必然也会在其中产生不可忽视的作用。

生产厂家在设计和生产一件产品的时候，不得不分析、研究当时或未来的流行色彩趋势，以保证自己的产品进入市场之后不会因为色彩的不流行而影响产品形象，进而影响销售。

因此，流行色理论在产品设计行业中也是十分适用的，并且不可低估其指导作用。图9.9所示是德国大众的经典车型甲壳虫，它独特的造型配合各式生动鲜活的色彩设计，使之成为吸引人视线的一道亮丽的风景。

4. 其他行业

在人们生活的色彩世界里，流行色的影响和指导作用几乎是无处不在的，例如，在化妆行业、绘画、舞台美术等。

9.1.6 流行色的功能

中国逐步融入世界经济，流行色在行业内的应用更是受到了专业人员的高度重视。但中国的色彩研究和应用还处于刚刚起步的阶段，流行色作为一种信息，一种资源的潜力，还远远没有被发掘出来。流行色在社会生产生活各个领域中的重要功能和作用还未能得到全社会的认识和重视。概括地说，流行色具有如下3个方面的功能。

图9.9 大众甲壳虫汽车的色彩设计

1. 社会经济功能

流行色的社会经济功能主要指的是它与生产、销售相关联的影响作用。包括两方面：一是影响产品在销售市场中的表现；二是影响企业生产状况，促进企业管理进步。

色彩是依附于一定载体而存在的，流行色必须依附于商品才能显示效果和发挥作用，于是一种或一组色彩是否满足大多数消费者的审美要求、是否被大众喜爱并符合流行趋势，便直接影响到这件商品受消费者欢迎的程度。在一些发达国家，恰当采用流行色的商品不仅易于销售，还可以卖出较好的价格，往往能够比质量、规格、款式相同但颜色过时的商品高出数倍、甚至数十倍的价格。可见，流行色是影响商业销售的必要因素之一，它不仅能够适应消费，还可以引导消费、促进消费。

橙黄色具有红色系所特有的激情与活力，常被看做是容易接近、令人赏心悦目的颜色。但是，以前它被看做是廉价和低档的颜色，而现在消费者对于橙黄色的观念正在逐渐改变，就像它在高档时装中越来越被重视一样，橙黄色在不同文化背景生活方式中也得到欣赏。越来越多的电子类产品，包括许多著名的国际品牌都主动地采用这种彩色，橙色变成了一种代表亲切、活力的时髦的流行色，赢得了大众的喜爱。如图9.10所示是橙黄色在产品色彩设计中的应用。

图9.10 橙黄色在产品色彩设计中的应用

另一方面，流行色理论会影响企业生产状况，促进企业管理进步。流行色是社会生产与消费水平达到一定高度的产物，只有社会生产达到一定高度、人们对于丰富的产品拥有绝对的选择权的情况下，才会产生追求流行色这一更高层次的消费行为。人们的物质生活在商品的数量与质量上得到满足后，进而要求商品不断翻新来得到审美享受，这时色彩流行的变化往往成为商品翻新的动力和诱因。同时，企业和设计师充分认识到这个因素，利用这个因素刺激消费，他们积极展开对流行色彩的研究和预测，力图使用流行色来控制市场，加速商品同转流程和资金积累的速度。因此，企业都竞相推出越来越多的色彩类型的产品供消费者选择，以期达到更好的市场回报，如图9.11所示为某品牌咖啡机的色彩设计方案。

图9.11　某品牌咖啡机的色彩设计方案

2. **美学功能**

流行色的研究，除了为商业服务之外，还能够丰富美学理论。将流行色概念纳入学术性质的理论研究，无疑是更科学且更有发展潜质的。理论研究与生产实践相辅相成，流行色作为一种更具实效性的理论课题让美学研究更丰富、更具时代特征。

3. **文化功能**

流行色在社会生活中的运用发展对于一个地区和一个国家的文化形象起到了不可低估的作用。色彩是直观的，是人们视线所及的第一印象。因此，商品、公共设施、城市环境、衣着穿戴等的色彩水平直接体现着这个国家或城市的色彩发展水平。流行色的发展水平是整个色彩工程发展水平的一项重要指标，欧美发达国家、亚洲的日本等国家的城市建设和产品在色彩管理上都已纳入正轨。例如，欧洲许多国家的城市建筑和设施是由各地区的政府发布色彩使用规范的。

在民间，众多的产品制造企业也在流行色等色彩研究管理方面投入了大量资金和精力。从这个层面看，色彩事业不应该仅仅停留在创造更多的商业价值上，它也应为创造出公益性质的、文化性质的价值而服务。

9.2　产品设计色彩流行色预测理论

9.2.1　流行色预测的含义

流行色的预测涉及自然科学的各个方面，是一门预测未来的综合性学科，人们经过不

断地摸索、分析，总结出了一套从科学的角度来预测分析的理论系统。

世界上许多国家都成立了权威性的研究机构，来担任流行色科学的研究工作。如：伦敦的英国色彩评议会(British Colour Council)，纽约的美国纺织品色彩协会(American Textiie Association)及美国色彩研究所(American Colour Auth(Ority)，东京的日本流行色协会等。

这些机构作为本国的流行色彩公布者，必须进行大量长期的调研分析。色彩提供者提出的色彩方案若要符合实际情况，必须使自己的色彩审美特点与色彩使用者使用色彩的审美观相一致，这就要求色彩提供者围绕色彩审美特点对色彩使用者进行调查研究。

9.2.2 流行色预测中的若干因素

1. 地理环境因素

人们在对色彩使用者所处的地理环境和人文环境影响下的色彩环境做的色彩调查基础上得到一个基本的色彩背景资料，这个背景资料将是色彩提供者推出的流行色方案的最为重要的基础。一方面这可以告诉人们在特定区域内的特定色彩特征，这一特征将成为推出的流行色方案的基本色彩特点；另一方面，也可以把新推出的色彩方案作一个包容性的审视。

2. 重要背景事件因素

在做基本色彩调查的同时，要特别注意可能影响人们色彩审美态度的国际、国内的一些重大事件的发生、发展和变化。对一些艺术思潮的分析研究，对一些有特点的新的审美特征的分析都是非常重要的。这些都能影响色彩的流行趋势，有时候它们的影响具有决定性的意义。比如，制定2001年秋冬季的国际流行色会议上，有些国家提出“新‘朋克’”(New Punk)的色彩观点，所谓“新‘朋克’”是指对20世纪70年代后期伦敦的青年人中出现的一种以“性感”、“手枪”为代表的一种审美现象的新的表现，是当前所谓“新新人类”群体中的审美观的部分表现。对这些事件或现象的分析研究对流行色彩的趋势演变具有前瞻性的意义。

3. 不同阶层人群因素

不同的阶层有着不同的文化特征、不同的生活方式，因而有着不同的色彩需求，对他们的群体(阶层)文化现象、审美现象以及在此基础上的基础色彩和色彩需求进行调查。这些分层次、有针对性的调查是使流行色方案的制订具有更为具体化的目标人群。

4. 材料因素

人们在做色彩审美观念调查时不能忽视色彩外观这个重要方面，色彩外观也是造成色彩效果的重要因素。色彩最终是以产品为载体显现的，因此，对产品的材料(尤其足新型材料)的显色特征、染色工艺等也必须进行一定的调查研究工作。

9.2.3 流行色的预测方法

流行色预测方法的具体工作过程

第一步：综合分析国际、国内的色彩动向。如日本流行色协会根据消费者不同的年龄层次，将其分为4个组别进行研究分析，调查出各组的特点。调研工作往往要以几万人次的第一手色彩数据，通过归纳整理后才得出结论。中国丝绸流行色协会的色彩调研方法，是通过分布在各省市的色彩调研组开展实地调查和民意测验，如上海色彩调研组在社会上各行业范围进行大面积、多人次的常用色、流行色、衬衫色调、外衣色调、裙料色调及在不同季节变化的调研，最后得出数据结论。

第二步：分析历年和当前流行色资料，通过对纵向与横向流行色资料的分析、研究，再根据当前的流行趋向，抓住即将显露的萌芽因素，作出判断。如根据1970—1990年的21年中，法国出版的《巴黎纺织回声》推荐的流行色，来分析各种色彩所占的百分比与间隔时间，归纳出结果为绿、蓝、红色调发展较平均，每年在明度和纯度上略有变化；黄与紫色调是新鲜色调，作点缀使用；中性灰色调使用极少；米色、咖啡色调是基本色调，是流行色和常用色中相当稳定的色调。这些资料的分析，可作为预测的参考基础。

第三步：专家结合意见分析法。国际流行色委员会每年2月与 7 月在巴黎召开各委员会国色彩专家会议，各国专家介绍本国的流行色提案，通过评论，最后通过表决推荐国际流行色。

流行色预测结果有3种表达方式：流行色卡、时装画报与织物样本；流行色卡专业性较强，简洁明了，便于传播，在世界范围内被普遍采用。较有影响的色卡有：法国、英国、美国、荷兰4国联合主办的《国际色彩权威》、意大利的《启隆》色卡、日本视觉色彩研究所发布的《日本流行标准色卡》、中国的《真丝绸印染色卡》等。时装画报通过彩色的服装图片的展示，面料质地和流行色都可以一目了然，是一种普及化且行之有效的发布形式。另外，前联邦德国、意大利、日本的时装杂志彩色图片还附有织物小块实样。各国发表的流行色卡、样本、杂志等都具有商业广告宣传性质，对推动市场流通、开拓对外贸易、发展新产品、促进消费具有一定的作用。

9.2.4 流行色的发展规律

流行色的研究与预测是一个多层次的科学体系，它既要从视觉效果方面抓住色彩美的构成规律与形式法则，又要抓住社会审美意识倾向，寻找主体与客体达到谐调的可行途径，如何把握流行色发展的规律，据目前资料归纳，针对这一复杂的问题有以下几种观点。

1. 时代精神论

当色彩被不同时代的精神风范赋予某种象征意义，并迎合人们的认识、兴趣、希望时，这些色彩就有流行的可能性。如20世纪60年代初，当宇航员登上月球，成为新时代科技对人类无限空间挑战的象征与获得地球色彩新信息时，专家们制定并发布了“宇宙色”的色谱，极为流行。又如，大工业的迅猛发展造成的生态环境的破坏，人们渴望还大自然一个淳朴洁净的面貌，便从历史、民生与大自然的关系主题取色，出现了宁静淡泊的“田园色组”。纵观多年来的众多流行色提案，很多都是以时代氛围中的心理趋向为依据，作为大众的一种心理调节与弥补。

2. 自然环境论

色彩学家普遍认为，色彩的流行与所处的自然环境有关。如法国巴黎受温带海洋性气候的影响，常年阴雨连绵，鲜见阳光，在城市色彩规划部门的统一指导下，除个别现代建筑之外，建筑墙体基本是由亮丽而高雅的奶酪色粉刷完成，这种阳光感十足的奶酪色几乎成为巴黎的标志色彩。同样的道理，美国旧金山太平洋沿岸的人们喜欢鲜明色，大西洋沿海城市喜欢灰色等。这些地理环境特征就成为提出不同流行色方案的自然背景。

3. 民族地区论

由于不同的国家和民族的风土人情、传统习惯、文化艺术、生活条件、经济状况的不同，对色彩有着不同的认识、理解方式和使用方式。某种色彩在某民族地区被认为是吉祥的、美好的，而在另一个民族地区却可能变为禁忌的、不吉祥的色彩。如欧美国家用黄色象征太阳与光；古希腊、古罗马用黄色象征吉祥；而叙利亚却把黄色象征死亡。欧洲人结婚时新娘的婚礼服大多是白色，象征着爱情的纯洁；中国人结婚时新娘婚礼服却大量使用红色，象征着爱情的热烈、吉祥。但随着现代世界经济、文化交往的日益增多，各国的民族传统习惯是具有可变性的，这也是研究流行色预测所需要考虑的动态因素。

4. 色彩的生理心理反应

研究表明，人的视觉对某几种色彩注视较久之后，会感到疲劳与厌烦，与之相反的调节性色彩就会使人感到新鲜。另一方面，通过想象、联想、象征等方式，人们对色彩会产生不同的情绪与感受，因此，必须掌握人们对色彩心理感受的一般规律的翔实资料，并加以分析整理，把它们作为研究流行色规律的必要理论依据。

5. 流行色周期变化理论

这种理论是建立在前文论述的流行色的周期循环性特点理论上的。一种流行色的流行有它一定的周期性，结束时会有新一组流行色将其代替，而过一段时间之后，这种流行色又将会重新流行起来。因此，流行色的周期变化理论让人们在流行色规律研究方面必须结合时间轴上的色彩流行情况进行考量。

6. 个性化流行环境

流文明结构的组成之一，随着社会的进化而变化。后现代主义的审美与第二次浪潮文明的标准化、专业化、集中化、同步化相反，趋向于重新走向多样化。目前，一些经济发达国家正在探讨种种新的流行理论，而迅速发展的高科技。如激光、电脑技术也为这种多样化的个性追求提供了物质条件，它们对色彩流行的影响将是巨大的。

9.3 产品设计色彩与流行色

流行色作为色彩系统理论中的一个重要概念，由于它具有紧密结合社会时效性的特征，必然对产品色彩设计产生不可忽视的影响和指导作用。

在产品更新越来越快的今天，能否抓住潮流的方向是一个企业掌握市场的关键能力。在产品色彩的层面，能够让生产出来的产品顺应色彩流行的趋势，成为市场上的流行色，或者引领某种色彩潮流，则将是企业获胜的法宝。

在电子产品长期以呆板严肃的白色、灰色系列示人的情形之下，消费者需要新鲜的色彩面貌来缓解电子产品的机械冰冷给使用者带来的压抑情绪。于是在近些年，IT产业里刮起了“色彩旋风”，鲜亮活泼的湖蓝色、橙黄色、草绿色、粉红色等等参与到电子类产品的色彩设计中，打破了千篇一律的灰白色调，使人们眼前一亮，IT产品的形象立刻变得鲜活起来。这股”色彩旋风”势头不减，且有更加迅猛之势，横扫数码产品、通信产品等。

最成功的范例莫属苹果电脑的色彩设计。1998年，全新的iMac电脑闪亮登场，苹果公司用事实证明了设计的巨大魅力，如图9.12所示。从色彩设计上看，iMac电脑鲜艳的外观色彩使它从乳白色的电脑海洋中跳跃出来。在iMac设计中，色彩与流线型的机身设计完美结合，具有极强的感情色彩和表现特征，可以说用色彩的方式创造出了这款电脑的巨大精神号召力。

iMac的色彩设计让观看者、消费者的心为之一振，使消费欲望得到了最大程度的刺激。同时，这种先锋的色彩设计方案也影响了当时人们的思想观念——原来电脑等高科技产品也可以是彩色的，可以是五彩斑斓的。苹果系列产品坚持并不断发展着这样的色彩设计方案，将这种在灰、白色系的主体色中点缀鲜亮的流行色彩的设计思路应用于其他电子

产品之中，在iBook、iPod等系列产品中同样取得了极好的市场效应，如图9.13所示。

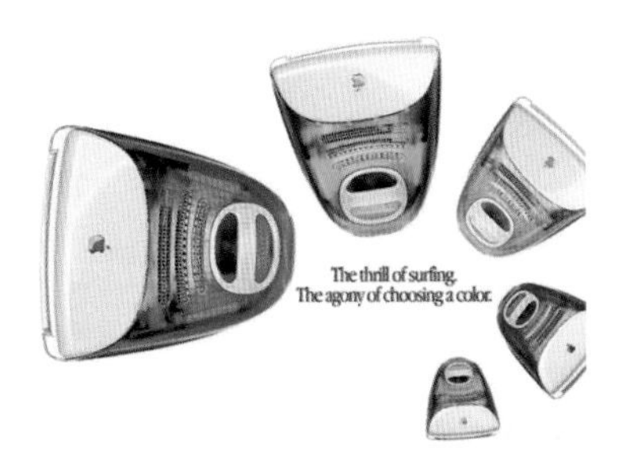

图9.12　iMac系列电脑的色彩设计

图9.13　iPod系列MP3色彩设计

单元训练和作业

【单元训练】

从图9.14所示的产品中任选两款经典的塑料材质产品，根据本年度中国流行色协会发布的工业色彩流行趋势进行分析，对该两款塑料材质产品进行产品设计色彩流行色评估，并整合成塑料产品设计色彩流行性报告。

图9.14　洗护产品的色彩设计

【思考题】

■ 什么是产品设计色彩的流行色？

■ 如何进行产品设计色彩流行色的预测？

本 章 小 结

在产品更新速度不断加快的今天，能否让生产出来的产品顺应色彩流行的趋势，或者引领某种色彩潮流，将是企业获胜的法宝。产品设计师应该保持对流行色的关注，深刻领会色彩流行趋势，掌握应用流行色的技巧，设计出社会效益和经济效益兼具的优秀作品。

第10章　产品设计色彩战略管理

本章概述：

本章讲解产品设计色彩战略的质量管理。内容包括产品设计色彩战略管理概述、产品设计色彩规划、产品设计色彩程序与方法等。具体内容包括色彩的选定、试验、测色、判定完成色彩之好坏、限定与色样本的误差允许范围、色彩的统计及整理等。在各种色彩材料、印刷、涂饰、染色、色彩调节等的生产和应用中，严格把握产品设计色彩战略管理至为重要。产品设计色彩战略管理方法有测色学的色彩管理（用测试的办法）和现场的色彩管理（使用色标）等，产品设计色彩战略管理的本质是一种要求很精确的过程控制，色彩管理系统的目的就是通过对所有色彩的管理、补偿和控制这些操作环节，以得到精确的、可预测的色彩。

训练要求和目标：

本章主要讲解产品色彩管理，主要从产品色彩设计管理和产品色彩实现战略管理两个方面进行说明，并且提出企业构建产品色彩战略管理体系的重要性的一般性步骤及方法。学习这方面的内容，有助于人们建立一个产品色彩管理的概念，并且希望能在实际中进行深入研究和应用。

本章主要学习以下内容。

■ 产品设计色彩战略管理概述

■ 产品设计色彩规划

■ 产品设计色彩程序与方法

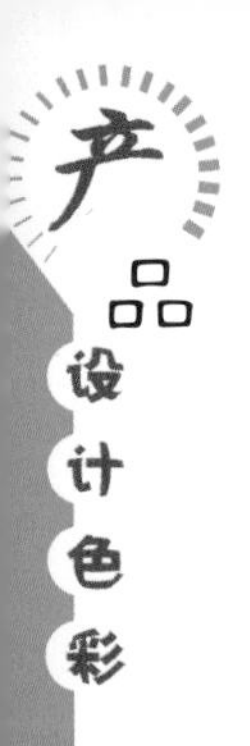

10.1 产品设计色彩战略管理概述

通过对图10.1的产品设计色彩的分析可以得知，这些产品设计色彩的特征主要表现在：①色彩战略建立在色彩定位、色彩管理、色彩价值主张及产品色彩设计架构上有所不同。②在产品设计中，色彩规划与战略管理是十分重要的，这就是本章主要讲解的内容。

图10.1 产品的色彩设计

在当今社会，设计对经济的重要性以及作为传播与商业战略工具的运用，已经大大提升了设计色彩管理的地位，并将设计的真实潜力提高到了企业议程的高度。同样，色彩设计对企业、商品、社会、生态、技术、文化的进程与发展也有着日俱增的推动力。

对于产品设计而言，色彩是设计的重要组成部分，与产品的结构、形态、材料等成为不可缺少的设计要素。现代色彩大师约翰·伊顿说；“色彩就是生命，因为一个没有色彩的世界在我们看来就像死去一般。”人们生活在彩色的世界中，离不开色彩的存在。如图10.2所示，各种产品也不能缺少色彩，没有色彩的产品是没有生气的，缺少魅力与感染力。色彩是一种感性的设计语言，同时也是富有感情的语言，自然界中的一切事物都有不同色彩。色彩通过不同的色相、明度、纯度以及其间的对比与调和，而变化丰富。不同色彩的产品，会给人们不同的视觉感受，从而满足不同人群的消费需求。当今，人们对个性色彩的喜爱成为一种时尚。色彩本身多姿多彩，随着人们情感和认知的不同而更加丰富、千变万化。

图10.2 美的家电

产品设计色彩战略管理的实际操作无疑跨越了多个领域，如产品、时尚、医疗、运动、交通工具、机械设备、家俱、软件以及游戏的设计。另外，色彩设计被应用于商业领域、工程领域、技术领域的具体方法则多种多样，这需要依据具体的情况，从迥然不同的方法中挑选管理色彩设计的方法。如图10.3所示训练你的眼睛：每一个封面都包含了一种基本的颜色关系。

图10.3　Artcile Resources 训练方法

在产品设计中，色彩战略管理体现在产品及服务设计、品牌沟通、零售环境、网站以及企业之间的广告战役中。

10.2　产品设计色彩规划

创建产品设计色彩规划必须把设计识别现实化。事实上，色彩创建规划不仅实施，而且有助于定义产品设计识别。色彩识别有时候会产生偏差和模糊，产品广告活动或销售市场的执行能及时调整、矫正。将色彩执行规划摆在桌上，设计管理人员会感到战略并不那么枯燥和抽象，从而给自己增强实现的信心。

强势产品设计成功的要诀在于出色的执行，这就意味着从一堆毫无头绪的东西中找到正中目标的好点子。当然，色彩设计并非独立存在。不同产品设计在不同的研发阶段中运用设计。因此，色彩设计如何的管理取决于企业的性质与产品的属性，同时，取决于产品对设计、对市场、消费者已有的、潜在的期望。为企业内部的产品设计作长期的色彩规划关系到众多重要举措。

首先，企业在开发产品时应以开放的心态拥抱机遇，面对持续变化的环境要有足够的适应力。其次，产品设计需要建立、发展一支可依赖的设计团队，能积极拥护产品设计运用。再次，产品设计要能清晰地阐释设计的价值与优点。授予色彩设计战略以合法地位及威信，是产品成功实现项目的要点。

正如前所阐述的，创建产品色彩规划就要求建立消费者能够充分感知，同时能够产生强有力的、偏好的、独特的产品色彩联想的品牌。一般来说，这种知识构建流程取决于以下因素。

1. 产品色彩计划——色彩调研

调查是一切计划行动的开始，特别针对色彩而言更是如此，因为人们对色彩的理解和喜好并非主动表现出来的，而是隐藏在消费者的心目中。因此，在产品色彩计划中首先要做的就是对于色彩的调查和分析。通过调查和分析，特别是基于消费者调查的色彩意象体系的应用，是提供给设计师最有效的色彩分析和评价工具。

瑞士雀巢(Nescafe)公司的色彩设计师曾做过一个有趣的试验，他们将一壶煮好的咖啡，倒入红、黄、绿3种颜色的咖啡壶中，让十几个人品尝比较。结果，品尝者一致认为：绿色壶中的咖啡味道偏酸，黄色壶中的咖啡味道偏淡，红色壶中的咖啡味道极好。因此，雀巢公司决定用红色包装咖啡，赢得大多数消费者的认同(图10.4)。通过产品的色彩调研，人们可以了解到，经过精心设计的产品、品牌的颜色能给消费者留下鲜明、快捷、深刻和非同寻常的印象，进而在产品行销上使用适当的色彩，提升消费者对产品、品牌的认知，促使其购买。

图10.4　雀巢的红色咖啡杯

2. 把色彩设计植入产品

把色彩设计战略引入产品设计中，可能会对独立产品的开发产生影响。

成功的色彩规划离不开评估工作。缺少评估过程，预算无法控制，规划的效果也无法估量。如图10. 5 所示，评估内容不仅要包括色彩的基本属性还要包含品牌资产的各个方面，色彩的基本属性包含：色彩动静、色彩的距离感、色彩的软硬感和色彩的特性等；品牌资产包含：产品的认知度、产品的个性、顾客忠诚和企业联想等。单纯衡量短期经济效果只能处理产品设计短期内出现的问题，无法解决创建产品品牌过程中所有的问题。

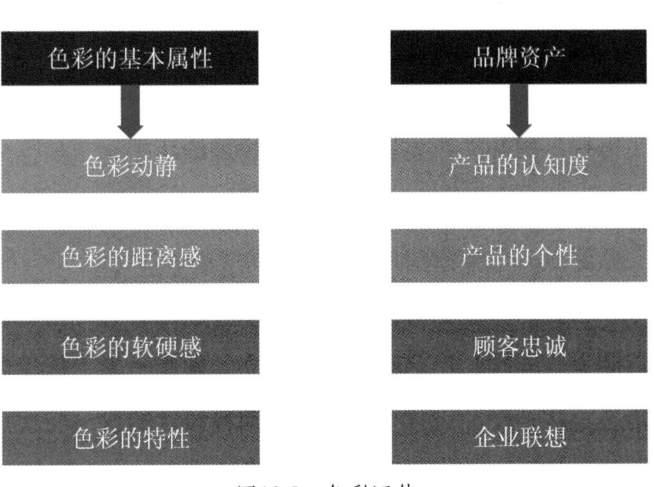

图10.5　色彩评估

3. 产品要素的初始选择或产品的个性

产品要素的备选项有很多，同时，产品色彩判断标准也有很多，产品色彩要素指确认产品和产品差别化的形象化或表述信息。最常见的产品要素包括：产品名称、标志、象征、个性、类别。产品要素有助于强化产品认知或者促进强有力的、偏好的及独特的品牌联想。当消费者仅仅了解产品名称和相关标志时，他们如何看待产品色彩要素是有助于产品建立的最佳试金石。

10.3 产品设计色彩程序与方法

1. 产品设计色彩程序

在企业日常事务中，要将一件事情做好，往往要制定合理的计划和实施计划所需的相应程序，从而使所要做的工作能够有条不紊的展开，最后达到预期的效果和目标。针对工业产品的设计也一样，要设计一个好的产品，除了要有正确的设计理念和思想来指导设计行动外，还需要有一个与之相适应的、科学的、合理的设计色彩程序。

所谓设计程序即是指工作步骤，是有目的地实施设计计划和科学的设计方法。设计色彩程序包含从开始到结束的全部过程中的各个阶段。针对产品色彩计划不仅关系到产品本身，而且还涉及产品外围的各个方面，因而它是复杂的； 另外，不同产品的设计复杂程序相差很大，因此设计程序也有所不同。但不管其存在怎样复杂和差异，其设计的目的最终是服务于人。因此，表现在设计过程中的必然包含着共同的因素。

设计程序的实施是在严密的次序下渐进的过程，这个渐进的过程有时相互交错，出现相互循环并渐进的系统。循环是为了不断检验每一步工作是否符合设计要求与目的。所以，设计程序的建立并不会束缚设计师的创造力，相反在解决实际设计问题的过程中，可以主动地从战略上做出合乎需求的安排，协调各方面的关系，更好地与设计目标相适应。产品设计色彩程序具体分以下几点，如图10.6所示。

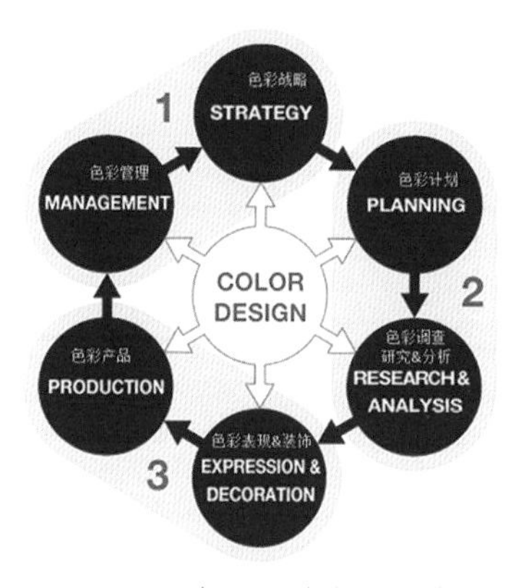

图10.6 产品设计色彩程序

1) 色彩战略

为了让产品确立起自己的设计策略，提升企业价值的关键在于市场中有竞争力地将其

产品色彩品牌化的能力。色彩也许是最强有力的传播工具，但是很少有组织主动创造和利用色彩识别(色彩陈述、色彩趋势描述、色彩性情等)设计产品。

色彩战略建立在色彩定位、色彩使命、色彩价值主张和个性，色彩情感以及产品色彩设计架构之上。特克诺布兰德有限公司的查克帕帝斯(Chuck Pettis)说道：“假如人们不记得你的品牌色彩，他们又怎么能在最短时间内找到你、购买你的产品呢？”将某种市场供给物有效产品化的第一步是，准确地理解顾客想从企业获得什么，以及企业能够给予他们什么。人们把产品战略描述为关于产品要素的数量和特性的部署。这些通用的和独特的品牌要素，应用于整个组织内部。但实际上，产品色彩战略远不止决定产品架构那么简单。产品色彩战略涉及对产品分析的结果进行准确和精细的理解。另外，在决定产品战略的方向时，你必须首先评价什么是可行的和承担得起的。让我们再强调一遍：对产品的管理必须得到高层管理者的支持和帮助，否则不可能真正地将产品色彩战略推向成功。

产品色彩战略始终以产品核心、产品价值和联想为基础。产品品类是产品本质的部分，如图10.7所示，这些维度的内容和意义随着时间的延续而发生变化，并得到管理者及其决策的指导。制定产品色彩战略的巨大挑战是确定当前的地位和未来的潜力。如何在产品和企业真实性的不同方面与来自市场环境的压力之间达成协调一致，这一问题一直是管理者的挑战。在所有的市场营销决策中，都必须考虑赢利和对产品色彩价值的投资。

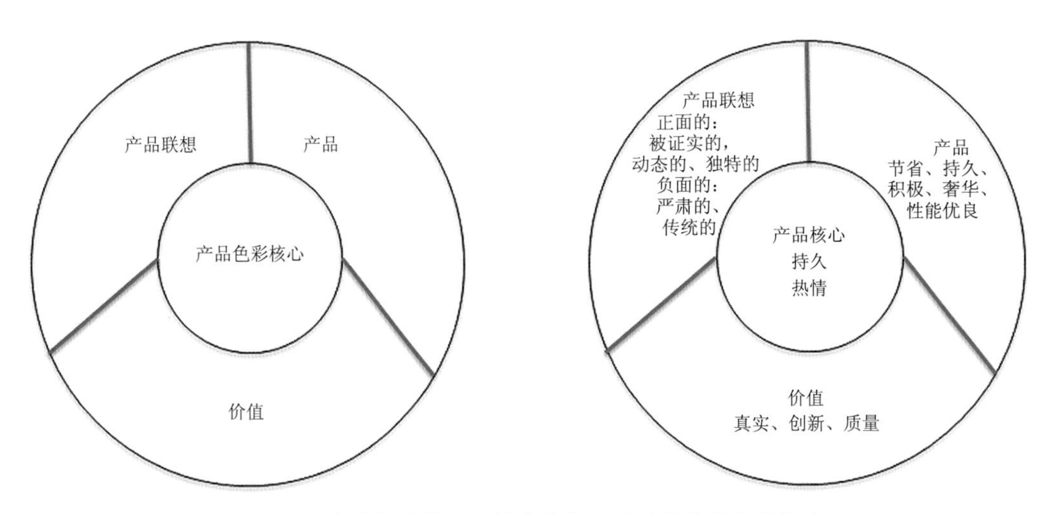

图10.7　色彩战略模型和梅塞德斯－奔驰的产品色彩战略

产品色彩联想：长期持有的、偏好的、独特的产品联想，对于一个产品的成功是至关重要的，这会使得该产品更有竞争力。而且，这一品牌联想将很有可能共享其他产品的联

图10.8　色彩的联想

想，确保消费者对品牌形象的识别，确保消费者的脑海中建立与特定产品或需求联系的品牌联想，并且有更多的理由解释为什么消费者会青睐该产品(图10.8)。

价值：产品核心价值是一套属性和利益的抽象联系，它概括了产品5～10个重要特征。产品核心价值在许多方面都是战略的基础。尤其是从如何与差异点和共同联系的角度看，产品价值起着产品定位基础的作用。

产品：对照产品是十分重要的。根据菲利普·科特勒(Philip Kotler)的一个著名的学术观点，产品是市场上任何可以让人注意、获取、使用或能够满足某种消费需求和欲望的东西。

2) 色彩计划

既然色彩品牌旨在创造长期的结果，产品色彩计划应该始终整合全局。因此，色彩计划的关键在于持续性和涉入程度之间取得平衡。大多数公司制定营销、销售计划以及战略计划，但没有色彩计划。忽视这一领域是许多品牌未能充分发挥潜力的原因所在。

为保持公司和品牌高度集中，企业计划应该包含色彩计划。重大改变通常不是一夜之间发生的。企业必须引导长期渐进的过程，而不是制订一个年度的行动计划。为了取得持续性和涉入的平衡，必须在组织内部融合以下过程，色彩计划程序如图10.9所示。

图10.9　色彩计划程序

(1) 营造一种持续变革的氛围，管理层要挤出时间用于色彩战略讨论。大多数管理者更偏好讨论策略，而不是战略。确定及时递送色彩信息的流程，包括关于色彩定位以及品牌识别的优势、弱点、机会和威胁的报告。

(2) 制定有关迅速突破性色彩计划的程序，以对产品情况所进行的深刻分析研究基础，包括色彩趋势、市场规模、色彩所处的环境、顾客组合、当前和新兴的竞争，以及尤为重要的赢利潜力。

(3) 制作标准色彩表用于传播产品计划和变化(图10.10)。产品VI手册中的色彩表，此时特别有效，以清晰的产品色彩的色值和情境分析为基础，这些色值有助于确定已知和未知的障碍。

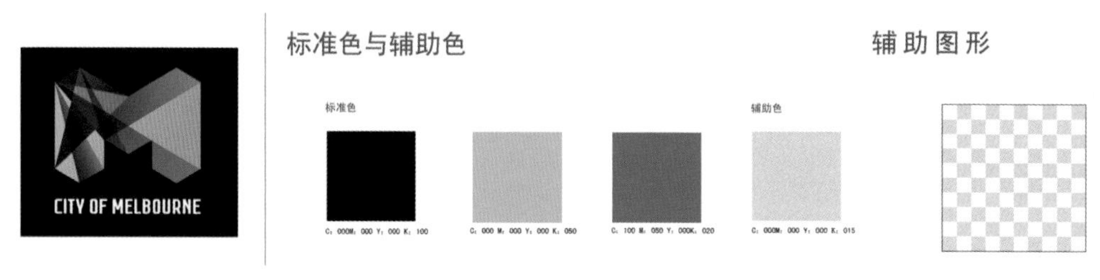

图10.10　制作标准色彩表

(4) 确保强有力的色彩执行过程。必须在整体产品环境中为各项产品设计配置色彩资源，采用恰当的色彩印刷标准，我们称之为色彩计划，包括当前和未来的产品色彩恰当的延伸或递增的潜力，还应该包括所有其他延伸产品的色彩支持计划。这一行动计划和执行可以对产品色彩的扩张和长期管理提出设想和行动步骤。

总而言之，人人参与计划：有些产品计划之所以失败的主要原因是，最初只有一小部分人参与制订计划，只有参与才能激发投入。在如今的电子时代，有一些即使在规模最庞大的公司内也能够很快传播和搜寻信息的杰出工具，它们可以帮助产品设计做到这一点。

3) 色彩调查及色彩分析

色彩建立并非一开始就从待定的所有不同产品要素中进行匆忙的选择，而是始于市场调研，进行彻底的市场调研是产品色彩建立过程中最重要的工作之一，通过市场信息的收集整理得出科学的结论确定产品色彩设计定位，如图10.11所示。色彩识别的建立应该始终以顾客分析、竞争者分析和自我分析为依据。

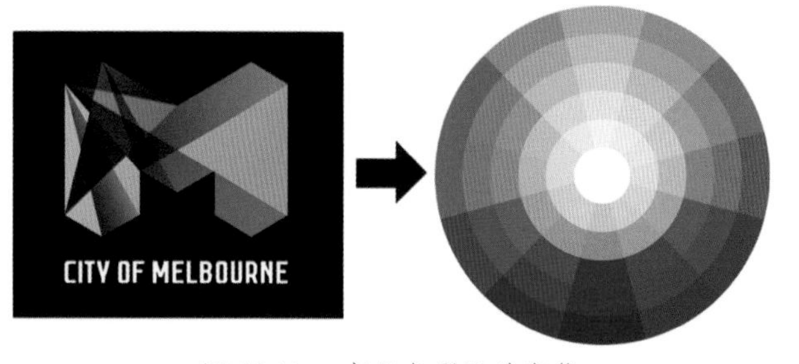

图 10.11　产品色彩设计定位

有良好调研的企业比缺乏调研的企业能更及时、更准确地识别出营销的机遇和问题，如索尼公司的座右铭——“调研产生差别”。对于跨国企业来讲，市场调研是决策的基础，每一步决策必须依据市场调研得到科学客观的数据，虽然有效的调研也不能完全消除决策时的不确定性，但至少是减少其不确定性的有效办法，它提高了企业做正确决策的机会，降低了产生错误决策的风险。

4) 色彩定位与表现

产品色彩定位的基础是市场细分和平目标市场定位，就是企业为了使自己的产品在市场和目标消费者心目中占据明确的、独特和深受欢迎的地位而做出的产品色彩决策和活动。特别针对现代市场的特征，产品色彩定位是产品定位当中不可勿视的因素，是整个产品色彩计划中非常重要的决策性步骤，同时也是产品色彩设计的重要决策和评价依据。

一件成功的工业设计产品，设计定位是它的关键，产品色彩计划中通过分析确定产品色彩设计定位，并应用于具体产品设计中。使感性形容词与产品色彩和产品色彩设计方案建立起对应关系，在坐标系中根据相应的语义的色彩进行色彩设计。产品定位的重点必须以消费者——人的需求出发，人本主义是产品定位的基本准则。尽管人们的需求多种多样，千变万化，产品定位还是有基本规律可循的。这个基本规律就是服从消费者对商品基本的价值判断。基本价值包括商品的功能、外观、价格和品质，如图10.12所示。

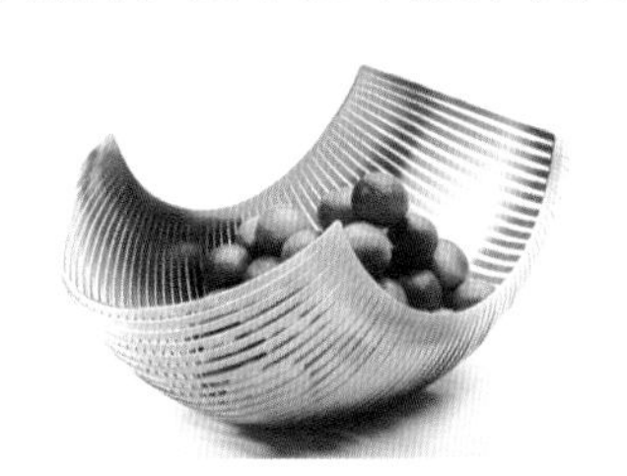

图10.12　餐具

功能、外观、价格和品质是人们对商品价值判断的最基本的四大要素，四位一体，同生同在，不可剔除。企业的产品不能适应四大要素及其因人而异、因时而变的特点，就不能成为商品。产品定位必须依据消费者对四大要素的认同程度而行。

5) 色彩产品

从现代工业产品的营销方式来看，色彩产品设计就是把产品中的色彩内容通过设计理念来加以组织(图10.13)，一方面为了创造特定的功能价值，一个产品首先了解产品中已

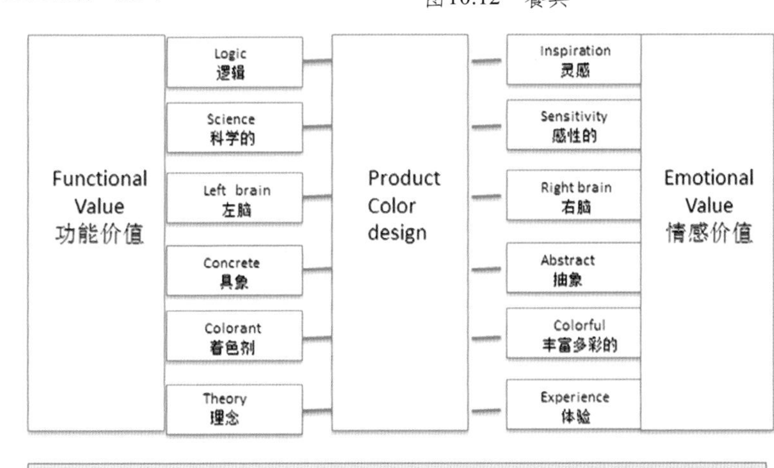

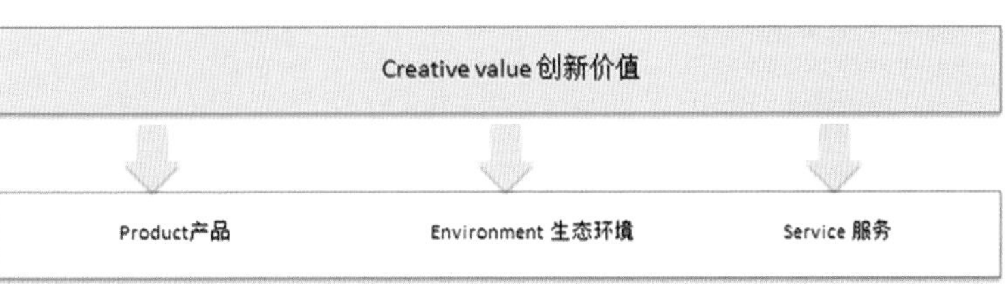

图10.13　产品色彩设计

经包含了什么价值和必须明确地知道什么是重要的，以及为什么使产品与色彩化努力取得成功；另一方面必须追加新的价值——情感价值，利用产品的情感设计提升产品价值。

6) 色彩管理

随着现代技术的发展和信息化时代的到来，社会化、国际化、虚拟化是现代制造业的基本特征。一方面，一件产品从设计到生产均由不同部门的不同人员分不同阶段共同协作完成，为了实现统一的产品色彩，色彩管理显得尤为重要；另一方面，多品种小批量的生产是现代制造业的发展趋势，这样，就产生了模块化设计方法，通过不同模块的互换组合来降低成本，快速推出新的产品。这就导致了一件产品的不同部件，并不是同时、同地、同厂生产的。在这种情况下，要确保产品的色彩与色彩计划保持一致，良好的色彩管理必不可少；此外，由于同样的数据在不同的设备上得不到同样的颜色，因此通过有效的色彩管理，可以确保企业形象的完整统一。所有这些实际中存在的问题决定了色彩管理的必要性与重要性。

产品色彩管理就是从企业总体目标出发，在产品规划、设计、营销、服务等多个企业活动的所有环节，以科学的、定量的方法对产品色彩设计进行统一控制管理，最终指导设计师以正确的方式赋予产品的色彩形象。

产品色彩管理贯穿了从产品的开发设计到生产、营销、服务等整个企业活动的所有环节中，是以理性的、量化的方法对所使用色彩的色彩、明度、纯度进行统一控制和管理。产品色彩管理是能通过采取一系列的措施，将设计定稿的色彩计划在严格的技术手段控制下付诸实施，使最终产品能准确地体现设计意图，并在时间和地点变化下实现色彩的统一。

一般的设计程序是：工业设计师提出产品外观设计，工程师和后期加工制作人员则参与具体的制作并完成。因此，从产品的设计和制作阶段上划分，产品色彩管理可以分为产品色彩设计管理和产品色彩实现管理两个大类。这两者之间应该紧密联系，并且各有特点和执行原则。

2. 产品设计色彩方法

产品设计色彩技巧应该从以下两点注意：一是色彩与产品的照应关系，二是色彩与色彩的对比关系。这两点是色彩运用中的关键所在。

1) 色彩与产品的照应

作为色彩与产品的照应关系该从何谈起呢？主要是通过外在的产品色彩能够揭示或者映照内在的产品造型，使人一看产品就能够基本上感知或者联想到产品为何物。如果人们能走进商店一看，不少产品并未能体现到这种照应关系，使消费者无法由表面上去想到产品为何物，当然也就对产品的销售发挥不了积极的促销作用。

2) 色彩与色彩的对比关系

色彩与色彩的对比关系。这是很多产品包装中最容易表现却又非常不易把握的事情。在设想中出自高手，产品的伤口效果就是阳春白雪。在中国书法与绘画中常流行这么一句话，叫“密不透风，疏可跑马”，实际上说的就是一种对比关系。表现在产品设计中，这种对比关系非常明显，又非常常见。所谓这些对比，一般都有以下方面的对比：色彩使用的深浅对比(图10.14)、色彩使用的轻重对比、色彩使用的点面对比、色彩使用的繁简对比、色彩使用的雅俗对比、色彩使用的反差对比等。

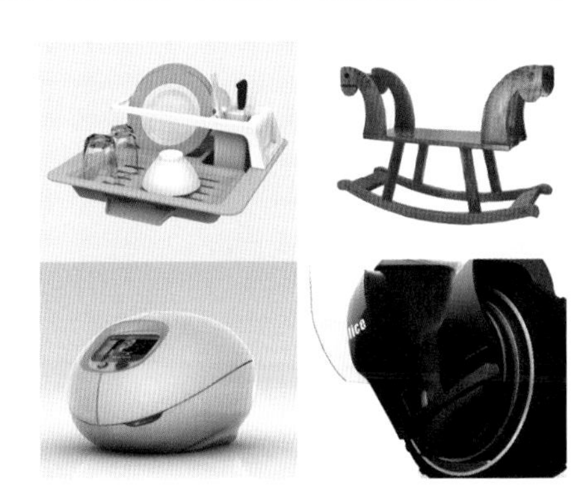

图10.14　色彩深浅对比

(1) 色彩使用的深浅对比。这在目前产品设计的用色上出现的频次最多，使用的范畴最广。所谓的深浅对比，应该是指在设想用色上深浅两种颜色同时巧妙地出现在一种画面上，而产生出类比较协调的视觉效果。通常用的如大面积的浅色铺底，而在其上用深色构图，比如淡黄色的铺底，用咖啡色的加以构图，或在咖啡色的色块中使用淡黄或白色的图案线条；还如用淡绿色的铺底；墨绿色的构图；粉红色的铺底；大红色的构图；浅灰色的铺底色的构图等。如图10.15所示，这款多种色彩的苹果MP4色彩方案多样，造型简洁大方。而且，产品的色彩采用深浅对比，体现出了产品的现代性。

(2) 色彩使用的轻重对比(或叫深浅对比)。这在产品色彩的运用上，同样是重要的再现手法之一。这种轻重对比，往往是用轻淡素雅的底色上衬托出凝重深厚的主题图案，或在凝重深厚的主题图案中(多以色块图案为重)表现出轻淡素雅的产品物的主题与名称等。如图10.16所示的达弗纳·艾萨克斯设计的“完整”系列台灯，结合了家居常用的陶瓷和橡木，它们低饱和度的色彩可以安静地融入环境中，营造出温暖的氛围。

图10.15　苹果MP4

图10.16　“完整”系列台灯 & Panton Chair

单元训练和作业

【单元训练】

通过本章的学习，我们学会了产品色彩战略的色彩定位、色彩使命、色彩价值主张等知识，同时还学会了产品色彩管理就是从企业总体目标出发，在产品规划、设计、营销、服务等多个企业活动的所有环节，以科学的、定量的方法对产品色彩设计进行统一控制管理，最终指导设计师以正确的方式赋予产品的色彩形象。

根据如图10.17所示的美的净水器与冰箱两类进行分析，并撰写出产品设计色彩战略管理方案，字数在3000字左右。

图10.17　净水器和冰箱的色彩设计

【思考题】

- 如何拟定企业产品色彩的战略管理方案?
- 如何实施产品设计色彩规划?
- 如何确立产品设计色彩的管理程序与方法?

本 章 小 结

有效的产品色彩管理有助于保证产品色彩从设计到实现的一致性，并能在时间和地点变化的情况下实现色彩统一。本章的产品色彩管理主要从产品色彩设计管理和产品色彩实现管理两个方面进行说明，并且提出产品色彩设计管理的程序与一般性管理方法。学习这方面的内容，有助于人们建立一个产品色彩管理的概念，并且希望能在实际中进行深入研究和应用。

第11章　产品设计色彩系统应用

本章概述：

产品设计色彩系统应用在整个产品的形象中，最先作用于人的视觉感受。产品设计色彩系统应用作为形式美的一个重要因素，在产品设计中具有先声夺人的魅力。在进行产品设计色彩系统应用时，除考虑色彩的对比与调和关系的同时，还要从不同类型产品的具体应用角度去分析产品设计色彩的应用体系，从而创造出具有良好功能并且能够融入和谐消费空间的产品。

产品设计色彩系统应用主要有这样几个特点：①信息量大；②功能模块繁多；③用户角色多样化；④产品设计师水平参差不齐。通常情况下，在产品设计中，色彩是引导消费者的第一要素。在产品设计色彩系统应用中，色彩是不可滥用，需要建立一个引导消费者获取信息的渠道，这是产品设计色彩系统应用中的一个重点。

在激烈的市场竞争中，很多大型企业都非常重视提升自身的整体品牌形象，提高产品的附加值和识别度。企业通常在不同媒介和类型的设计中运用统一的宣传色彩，以此形成具有标志性的产品设计色彩系统应用体系，从而使得产品符合不同地域特征的市场的用色习惯，提升消费者对品牌的识别力和可信度。因此，产品设计色彩系统应用在整个产品设计中的地位十分重要。

训练要求和目标：

本章主要讲解产品设计色彩系统应用方面的知识。

本章主要学习以下内容。

- 产品识别系统设计色彩
- 产品包装与宣传册设计色彩
- 产品展示设计色彩
- 产品网站设计色彩

11.1 产品识别系统设计色彩

产品特征主要表现在：①画面中产品的色彩元素都十分统一，这是进行产品设计色彩系统应用的重要条件；②色彩在产品包装、宣传手册、展示设计、网站设计等方面都表现出了一致性，这样能够很好地引导消费者获取信息，是产品设计色彩系统应用中的一个重要环节(图11.1)。

图11.1 产品的宣传册

产品识别系统设计色彩，从其所依托的传播媒介、成色工艺以及批量复制等方面来说，为平面类图形设计内容，属于一种特殊的工业产品设计环节，至少可以说，它是工业设计系统工程的一个分支或独立环节。产品识别系统设计色彩的首要功能是吸引人们的注意力。人们购买商品取决于大脑对各种信息的判断，这在很大程度上取决于色彩的选择，虽然色彩在实现市场目标上还有一些其他因素必须加以考虑，如产品的性质、功能等，然而在整个销售过程中，色彩无疑是最有效的因素之一，是市场混合物的基本组成部分。因此，产品识别系统设计色彩最有效的方法就是配以对潜在购买者具有最大吸引力的色彩，从而保证产品获得最佳销售。甚至在买一件产品的功能而不是其装饰效果的情况下，色彩仍然会增加销售吸引力，当然，它必须是正确的色彩或色彩组合。可见产品识别系统设计是尤为重要的产品设计环节之一。

企业识别系统与产品设计色彩是息息相关的，企业识别系统简称“CIS”，起源于20世纪50年代的美国。CIS是将企业的理念、素质、经营方针、开发、生产、商品、流通等企业经营的所有因素，根据信息化的要求，从文化、形象、传播的角度来进行筛选，找出企业所具有的潜在力，存在价值及美的价值，并加以整合，使其在信息化的社会环境中转换为有效的标志。CIS包括理念识别(MI)、行为识别(BI)、视觉识别(VI)等。CIS是现代企业为了整合其经营策略、表达企业形象所制定的一套独特的视觉识别系统。它主要分为相辅相成的两个方面：一方面是贯穿于整个产品的生产和营销过程之中的企业经营理念和方式；另一方面则是涉及从商标、标准字体、产品、包装到广告等各种传播媒体的视觉传达设计，CIS设计理念发展至今已经到了一个比较成熟的阶段，它以鲜明的符号表达法把一个企业的形象推广到每个人的心里，作为介于生产者与消费者之间的纽带，现代企业的产品开发与营销都应该让消费者迅速获得鲜明认识和最佳印象，以便提高产品的知名度，在市场开拓和运作中不断成长。

产品识别系统设计色彩最重要的应用元素便是企业色彩的识别，产品设计色彩往往是企业精神最直观的外在表现，它赋予产品“精神价值”以最直接、有效而经济的手段。现代工业产品设计的发展趋势越来越注重产品设计色彩情感诉求。面对诸多对手的竞争，企业必须通过标志、制服等专用色的确立以及大型活动空间等的色彩形象塑造，树立起鲜明的产品特色与品牌形象。虽然产品设计色彩不像文字和图案造型等其他方面直接涉及专利和版权等所有问题，但它仍然是商标注册的一个重要因素，它几乎涵盖了企业识别系统的任何媒介，成为消费者最直接的诉求和第一印象。一般而言，产品识别系统设计色彩的着眼点在于体现企业形象和经营理念，如表现其稳定、可靠、诚信、成长性以及产品生产的技术性和产品的优越性等。与此同时，告知产品、服务的基本内容，并且产品的强化市场竞争策略。也就是说，记忆性、辨认性和统一性是产品识别系统设计色彩所必须强调的3个主要方面。

在当今信息社会，产品的视觉识别必须在短暂的时间内吸引并抓住消费者的视觉注意力。在这个方面，产品识别系统设计色彩比图形、文字更具优势，人能够识别产品文字的最大视野在30°左右，能够识别产品图形的最大视野在60°左右，而能够识别产品色彩的最大视野却达120°左右。因此，在产品信息传递的计划中，产品标准色的设计具有明确的视觉识别效应，因而在产品设计色彩及产品销售中扮演着举足轻重的角色。企业CIS设计中的标准色彩设计即企业标准色的设计，是指企业为塑造特有的产品形象而确定的某一特定的产品识别系统设计色彩或者一组色彩系统，运用在企业的标志、标准字体及产品宣传媒体及产品包装上，透过产品识别系统设计色彩特有的直觉刺激与心理反应，以表达企业的经营理念和产品服务的特质。麦当劳的产品识别系统设计色彩就是一个很好的例子，麦当劳的标志是RonaldMcDonald小丑麦当劳大叔，当时华尔街日报报道，麦当劳大叔这一形象将在更多场合，而且是人们意想不到的场合抛头露面，麦当劳大叔甚至可能表演他的新舞蹈“制造麦当劳”， 为小丑大叔精心设计的每一步舞步惟妙惟肖地刻画出了麦当劳这部高速运转的机器，每一个细节都不厌其烦。1999年，麦当劳公司的广告代理商里奥·伯纳特公司(Leo Burnett)聘请了洛杉矶的形象设计师来重新制作麦当劳大叔的红头发，甚至不惜数月研究要不要把他袜子上的红色条纹加宽。 公司一直试图让麦当劳大叔这一形象保持神秘感，以此来扩大产品的品牌效应，如图11.2所示。麦当劳的相关产品和店面设计也保持了产品识别系统设计色彩的统一性，如图11.3和图11.4所示。

图11.2　麦当劳大叔

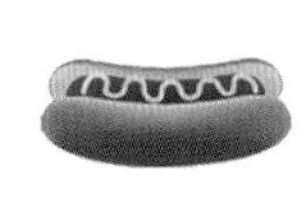

图11.3　麦当劳产品

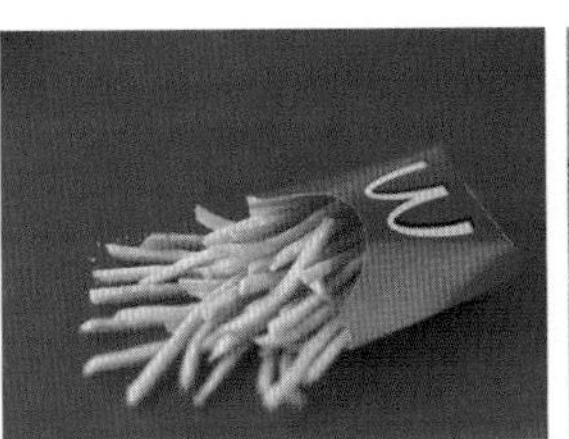

图11.4　麦当劳店面

产品识别系统设计色彩的设定并不能随意定位，每个企业都有自己特有的经营理念、组织结构、经营策略和历史背景。因此，产品识别系统设计色彩的设定必须在企业的经营理念、性质以及色彩自身的象征性等总体因素的基础之上来加以设定，才能准确地传递特定的产品形象。

产品识别系统设计色彩的设定一般有下列3种情况。

1. 产品识别系统设计色彩的单色标准色

单色标准色能给人以强烈的视觉效果，这是最为常见的企业标准色形式。单色标准色最常见的是蓝色，如海尔集团用“海尔蓝”作为标准色，体现空调、冰箱、冷柜等家电产品的功能特征和产品形象；同样，美的集团用蓝色调表现美的空调、风扇等家电产品形象和企业形象，给人以美感；中国移动公司、法国标致汽车等企业也都采用蓝色作为企业的标准色，如图11.5所示。另外，单色标准色中，红色、黄色、绿色等也不少，如可口可乐公司采用的红色洋溢着热情、欢快和健康的气息。

图11.5　蓝色标志

2. 产品识别系统设计色彩的双色标准色或三色标准色

为了塑造特定的产品形象，丰富色彩的美感，许多企业的标准色选用双色标准色或三色标准色彩。这样的标准色可取得所追求的色彩搭配、对比的效果。如百事可乐采用红、蓝二色的组合形成丰富的美感，如图11.6所示。另外还有一种情况是标志是单色，但并不是企业的标准色，企业标准色是另一种色彩，如富士胶卷，标志是大红色，而企业的大面积色彩是绿色，这种情况我们也可以理解为双色标准色，如图11.7所示。广州生产口服液的“太阳神”，则是用红、白、黑3种强烈对比的色彩，形成反差，表现热情欢乐、健康向上的企业精神、产品形象和经营理念，如图11.8所示。

图11.6　百事可乐标志

图11.7　富士胶卷标志

图11.8　太阳神标志

3. 产品识别系统设计色彩的标准色与辅助色

有许多企业或单位以多种色彩作为产品识别系统设计色彩的标准色，它是基于一些特定因素考虑的，一是由于企业或单位的性质所要求，如一些印刷公司或油漆公司的视觉识别系统采用多色来强调丰富多彩的内涵；又如12月3日国际身心障碍者日的视觉识别系统，利用了4种主色和9种辅助色，之所以用这么多的色彩，其原因就是想表示让身心障碍者尽快走出心中的阴影，融入外面精彩的世界，找到属于自己的多姿多彩的生活。二是出于管理或经营的需要，用不同的色彩区别集团公司与分公司，或各部门，或不同类别的商品。无论属于上述哪一种原因，其目的是利用色彩的差异性达到瞬间区分和识别的目的，色彩虽然很丰富，但应该有的色彩是主要的，它们是企业的标准色；其他的色彩则是辅助性的。如日本麒麟啤酒标准色为红色，另外用橙、绿等8种辅助颜色来区别不同的商品类别，如图11.9所示。

图11.9　日本麒麟啤酒

在产品识别系统设计色彩的标准色运用上，应该特别注意产品设计色彩的不同属性。首先，每一种颜色都有自身的象征性，能够引起人们不同的心理感受和视觉感受。红色是一种激奋的色彩，具有刺激效果，能使人产生冲动、愤怒、热情、活力的感觉；绿色介于冷暖两种色彩的中间，有和睦、宁静、健康和安全的感觉；橙色也是一种激奋的色彩，具有轻快、欢欣、热烈和时尚的效果；黄色具有快乐、希望、智慧和轻快的个性，它的明度最高；蓝色是最具凉爽、清新、专业的色彩，它和白色混合，能体现柔顺、淡雅、浪漫的气氛等。如象征冷暖的蓝红二色，可用于生产制造设备的产品形象，作为产品识别系统设计色彩的标准色。其次，产品识别系统设计色彩的标准色的设定还应该建立在企业经营理念、组织结构、经营策略等总体因素的基础之上。产品识别系统设计色彩的标准色设计尽可能单纯、明快，以最少的色彩表现最多的含义，达到精确、快速地传达企业信息的目的。如中国邮政公司采用的标准色是绿色，绿色在交通中是安全与畅通的信号，能反映公司的性质，如图11.10所示。

图11.10　中国邮政

产品识别系统设计色彩的识别首先要考虑的是决定一个以上的色彩作为代表产品识别系统主导色，即“产品识别系统设计色彩的标准色”，然后再通过各种视觉形式的应用，使之成为消费者脑海中的一个固定符号，传达企业的经营理念和产品特色。作为视觉符号的“产品设计色彩”是产品识别系统设计色彩的应用，也是表明企业生产产品和营销的记号。当消费者面对产品时，很自然就会联想到这些产品品牌。总之，产品识别系统设计色彩除了要满足醒目清晰这一视觉基本要求之外，还要满足心理理解性的要求，即通俗易懂。此外，为同一应用领域设计的所有图形符号和色彩应保持风格一致，即尽量选取通用的图像和色彩标准，目的是为了形成统一的产品设计色彩应用系统。

11.2 产品包装与宣传册设计色彩

11.2.1 产品设计包装色彩

产品设计包装是从工厂生产出来的产品向流通领域中的商品转化的一个重要环节，产品包装设计没有固定不变的公式，它要求产品设计师随着经济的发展及消费者的消费倾向而变化。产品包装设计色彩诉求同样也是产品的外在色彩表达语言，产品包装设计色彩更具有企业理念视觉传达和保护、配合、说明产品的双重功能性。也就是说，产品包装要在报护、保存内容物的同时，起到美化装饰、恰当阐释产品品质、引导消费以及刺激购买的作用，在取得消费者认同的同时获得市场信任度，故产品包装色彩成为产品识别系统设计色彩不容忽视的重要内容。随着人们对生活质量要求逐步提高，消费需求呈现多样化发展，人们对产品包装设计色彩的要求越来越挑剔，越来越细致。一个好的产品包装设计，不仅要求能有效保护商品，方便运输，而且还要对消费者具有吸引力，产生积极的联想和购买的冲动。作为产品重要组成部分的现代包装，不仅体现着产品内在和外在的形象，还从另一个侧面体现企业的形象。

1. 产品包装设计色彩的装饰性

产品包装设计色彩不同于绘画色彩，纯绘画色彩侧重于空间塑造的科学再现，是美术家对绘画对象的主观再现。而产品包装色彩则偏重于抽象而概括的装饰性(图11.11)，不允许产品设计师随心所欲地去画、去设计，必须依据产品设计色彩学规律及各种调查资料来体现产品本身的性能及用途，力求表现产品包装设计色彩的装饰性效果。美国

图11.11 月饼包装

著名包装设计师帕维思认为："一件产品的包装色彩不但要华美艳丽，引人注目，而且更要重视其颜色的选择，要与包装内容相匹配。如果不能做到这一点，甚至采取错误的包装颜色，将会铸成大错，从而削弱以至丧失买主的购买兴趣。"

2. 产品包装设计色彩的整体性

在产品包装设计中，为了获得良好的色彩效果，产品包装设计色彩的整体性是首先考虑的。产品包装设计色彩的整体性体现在以下两个方面：一是单个产品包装的整体关系，产品包装盒的4个或6个面的图形和色彩应该有连续性；二是系列化产品包装及成组产品包装的设计中，各个产品包装单元的色彩统一和谐，形成一个不可分割的有机的整体。为了达到整体性的效果，产品包装设计色彩要尽可能做到简洁、明快。纯色相比混色，其对比度强，在货架上有冲击力，套色少比套色多更醒目，能用二色时不用三色。这样的用色原则绝不意味着单调和贫乏，而是更加深思熟虑、简洁凝练，给人留下深刻的印象。

3. 产品包装设计色彩的功能性

就产品包装设计色彩的功能性而言，可将产品包装设计色彩分为形象色和象征色两种。

1) 形象色

形象色是表示产品包装设计色彩与产品内容及品质性格有着相互联系，即看到"这种颜色"就能联想到"某种产品"。如橘汁包装用橙色，葡萄包装用紫色，巧克力包装用赭色，而咖啡的包装用红、茶、褐、黑等色。形象色主要用于食品和饮料一类的包装上，有较强的直观性，便于人们选购。

2) 象征色

在产品包装设计色彩中如何运用象征性的色彩表现手法，是一个较为复杂的问题。不同类别的商品，对色彩都有本类的要求，有它的规律。象征性的色彩可以将产品的性质加以区分，不同产品应给予不同的色彩印象。产品包装设计色彩的象征意义往往常有特定性，一旦离开了具体的前提，其特定的象征意义也就随之消失。因此，象征性的色彩在产品包装设计中应加以认真对待。

产品包装设计色彩的个性与产品及企业的特点是能够相通的。借助人们的观念、认识和共同的心理联想所能理解的颜色，用于产品包装和企业形象的设计，这类颜色称为象征色。象征色对消费者的心理影响很大，在产品的包装设计中如能合理、恰到好处地掌握应用色彩象征性特征，往往能得到消费者的认同。如在药品包装中，滋补药品应该采用红色、黄色、橙色等暖色调，给人以活血保健的积极联想；而感冒药及镇静剂则应该采用绿色、蓝色、紫色等冷色调，给人以解热镇痛的积极联想。如可口可乐包装色彩是红、白两色，如图11.12、图11.13所示。这些特定的色彩组合，在人们头脑里形成固定的品牌色彩形象。

图11.12 可口可乐标志

图11.13 可口可乐折页

4. 产品包装设计色彩的喜好性

不同的色彩蕴涵着不同的意义，代表着不同的文化。由于年龄、性别、文化背景、宗教信仰和地域的不同，造成了人们对色彩理解和好恶的差异。如前所述，在西方国家，黄色代表嫉妒、厌恶、权力主义、野心、痛苦等消极意义，但在我们中国，黄色是阳光世界的象征，是最为辉煌、神圣和尊贵的色彩。黄色是我国封建帝王的专用色，黄色的龙袍标志着神圣、庄严与权威。同样，红色是中国最为喜庆的颜色，国人自古以来对红色就情有独钟，所以大到国庆、春节，小至个人婚嫁、生日等，都以红色来渲染，并称之为“中国红”，但是在西方国家红色则多代表血腥、危险等。比如蓝色，在瑞典象征着男子气概，在荷兰和瑞士则视蓝色为女性色，用蓝色调设计的产品包装深受法国少年喜欢，但同样的产品，如果针对比利时少年销售，就得考虑粉红色调产品包装，因为在他们看来蓝色是不吉祥色彩。同样，不同性别、不同年龄段、不同文化背景的人，对色彩爱好也不同。老人喜欢安静平和的色彩；儿童的产品包装喜欢高纯度、鲜亮夺目的艳丽色彩；女性喜欢柔和、抒情、亮丽色彩。城市人的文化水平相对较高，多喜欢富丽、柔和的浅、淡、灰的色彩；农村人的文化水平相对较低，地理环境单调，多喜欢高纯度、强对比的色彩。作为产品设计师，熟悉、了解当地消费者的色彩喜好显得尤为重要。

总之，在产品包装设计色彩运用上并没有什么固定不变的标准。对于产品设计师来说，产品包装设计色彩始终坚持“以人为本”的设计理念，产品包装设计色彩的选用始终要迎合消费者的喜好，要服从于销售的需要，而不能随产品设计师的趣味和爱好而定。在进行产品包装设计中，必须对产品、市场、消费者进行具体分析，做出准确定位，选择与之相适应的色调，把满足人们内心深处的愿望作为重要的设计因素，并努力在产品包装设

计色彩中表现出来。

11.2.2 产品宣传册设计色彩

产品宣传册设计色彩的一个主要特点是版式与色彩相结合，以此体现形式美规律。产品宣传册设计色彩是产品宣传册设计的一个重要组成部分，影响产品宣传册的总体效果。产品宣传册设计色彩主要考虑以下几个方面。

1. 产品宣传册设计色彩的目标性

进行产品宣传册设计色彩时应该考虑以下内容：谁是产品宣传册的读者？他们关心产品宣传册的哪些方面？这些方面怎样用色彩来定位和考虑？读者的年龄如何？教育程度如何？例如，一个针对小学生的文具供应商的宣传册，首先应该知道小学生文化程度不高，不应该以大段的文本出现，更不应该出现深奥的文字，而应该以图片为主进行表达。在图案上，应该选择色彩比较鲜艳的卡通风格。又如，针对外国人看的中国文化图册就应该采用中国传统的色彩，图案也以中国传统为主，而不应该采用后现代风格的图案及色彩，这样对他们更有吸引力。图11.14、图11.15为麦当劳形象宣传册，由于消费者多为广大儿童，因此主要是通过不同的色彩表达鲜活可爱的形象。

图11.14　麦当劳标志

图11.15　麦当劳折页

2. 产品宣传册设计色彩的内容性

产品宣传册设计色彩受到宣传内容的限制，如楼盘的宣传册，就应该着重围绕楼盘的环境、楼盘的户型结构、楼盘的绿化及其他配套设施等展开，色彩设计应该强调这些方面，有意识地引导读者的视线到这些内容方面。相反，如果是技术性比较强的机械产品宣传册，色彩设计应该围绕产品的形态结构、产品的参数及技术指标等展开，所用色彩应该更有利于读者了解这些信息，这就需要对色彩的明度及纯度进行理性的考虑。百事可乐的宣传册虽然其版式幅面很小，但却提供了多页面整合字体、形象和色彩设计的机会和空间，从而营造出一种特定的情调、意境和气氛，如图11.16所示。

3. 产品宣传册设计色彩的装饰性

产品宣传册设计色彩在考虑读者及要宣传内容的前提下，还应该考虑产品宣传册的整体装饰效果，因为产品宣传册的质量及档次在消费者心中往往与产品形象及产品质量联系起来，一个设计精美的产品宣传册使企业和产品更容易获得消费者的认可。因此，产品宣传册色彩设计必须注意页面整体装饰效果，在实际操作中可以用色块、色点或色彩线条装饰画面。如图11.17所示为房地产的宣传册设计，宣传册中的效果图多用块状表示，同时也富于装饰性。

图11.16　百事可乐宣传册

图11.17　房地产宣传册

总之，产品包装与宣传册设计色彩有着互相依赖的密切关系，而设计色彩在这里起着重要的视觉信息传达作用。从这一角度来讲，产品包装与宣传册设计色彩的优劣在于是否很好地象征着产品内容并有效地表示产品的品质与分量。如果要让产品包装色彩与宣传册色彩取得一致的话，那么，就必须考虑色彩匹配、印刷效果统一以及色彩管理等问题。与此同时，若将其与竞争产品并列在展示架上，就必须依据色彩学原理求得明视性、可读性

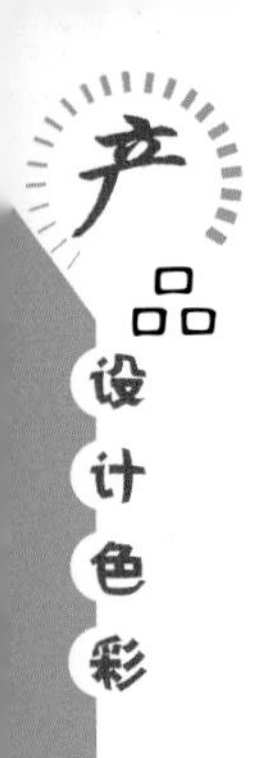

和注目性等生理知觉因素，以便在竞争产品中清晰地体现识别性，产品包装与宣传册设计色彩应与其他设计因素和谐统一，利用色彩来加强设计效果。

11.3 产品展示设计色彩

产品展示设计即根据某一主题或目的将工业产品以及其他商品或艺术品予以陈列、配置或多媒体演播，以供人们更好地进行文化、政治、商业、促销方面的宣传、教育、交流和参观活动。其展示方式主要包括静态和动态两种：与产品包装设计一样，“静态展示”大多属于平面设计中的三维构成设计，而“动态演示”则牵涉动态构成以及动画设计。无论采取何种展示方式，其外观造型及色彩设计都要与为产品所建立的其他媒介相一致，并且具有强烈的视觉冲击力。静态展示设计主要包括展览与陈列这两大类。目前国内及世界很多地区都建立了大规模的展览中心，每年举办的大型展会都是数不胜数，展会对提高技术及信息的交流、产品推广及销售起着越来越重要的作用，世界上经济发达国家的企业家通常都会将销售预算费用的25%用于参加各种贸易展览会，在会展业十分发达的欧洲，这个比例甚至更高。那么怎样才能更有效地展示企业的形象，进而推销自己的产品，满足参观者求奇、求新、求变的审美心理需求，是产品展示设计需要解决的问题。同样，我们也有必要进一步探讨产品展示设计色彩对产品展示空间的作用和规律。

11.3.1 产品展示设计色彩的内容

产品展示设计是一种多元空间、多感官参与、多学科结合应用的设计，产品展示设计色彩是展示空间设计过程中重要的一环，良好的展厅环境能够使观众更好地接收和理解信息。展示设计色彩主要包括：产品展示设计的主调色和辅助色的确定；产品展示设计中的照明色彩；产品展示设计中的环境色彩；产品展示空间的色彩划分；产品展架及道具的色彩设计；产品展示版面及展示品的陈列色彩；等等。产品展示设计色彩强调以下两个方面。

1. 产品展示设计色彩的对比与统一

产品展示设计是一个庞大的系统工作，要求在产品展示的空间、展品、道具、装饰、照明等方面，都应色彩基调统一，使产品展厅形成统一产品展示风格。在此基础上加入局部的小范围的色彩对比，对比是产品展示设计色彩求得生动变化的最基本的着眼点，没有对比的色彩关系总是相对平淡的。如果观众由于长时间得不到足够的色彩对比刺激就会感到平淡乏味。因此，在产品展厅设计色彩时，应避免过于单调或过于统一而没有变化。如图11.18所示为浴具展示设计，用白色作为基调，风格统一，显得十分舒适柔和，符合家庭用品主题馆的内容，但浅灰色镂空墙板和深灰色的支撑柱又使展示空间增添了色彩的层次变化，并不显得单调。

图11.18　浴具展示

2. 产品展示设计色彩的节奏感

产品展示设计色彩的设计原则是将表达设计概念的颜色用在关键性的几个部位，使整个产品展示空间被这些色彩所控制，形成产品色彩的节奏感，使得产品展示空间的色彩效果显得生动。如食品类别的展览会，人们比较习惯使用暖色调，如橙、乳黄、红等暖色作为主色调，因为这些暖色比较有食欲感，而搭配其他的冷色调，如中绿、浅绿、碧绿等代表健康、环保，以及绿色食品的色彩，使这个展厅形成一个多样统一的富有节奏感的空间。

11.3.2　产品展示设计色彩的方法和步骤

1. 确定产品展示设计色彩的主调色及辅助色

产品展示设计色彩应用应有一个主调或基调，冷暖、气氛、变化都是通过产品展示主调来体现的。对于规模较大的空间，产品主调色更应贯穿这个展示空间，在此基础上在考虑局部的、不同部位的变化，产品主调色的选择是一个决定性的步骤，因此必须与产品展示活动的主题十分贴切，即希望通过产品展示设计色彩达到怎样的感受，是安静还是活泼，是典雅还是华丽，是纯朴还是奢华。产品展示设计色彩主调色一般采用一种或两种，在空间上应占有较大比例，而辅助色只占小的比例，这是产品展示设计色彩取得统一效果的关键。在主调色确定后，还要进一步考虑产品展示设计色彩的施色部位及其比例分配，如产品展示空间的地面、墙面、天花板，以及其中展品的色彩等。

2. 协调展品与展示道具的色彩关系

产品展示道具是展示活动中使用的器具，它既是围护组合空间、承托陈列展品、引导

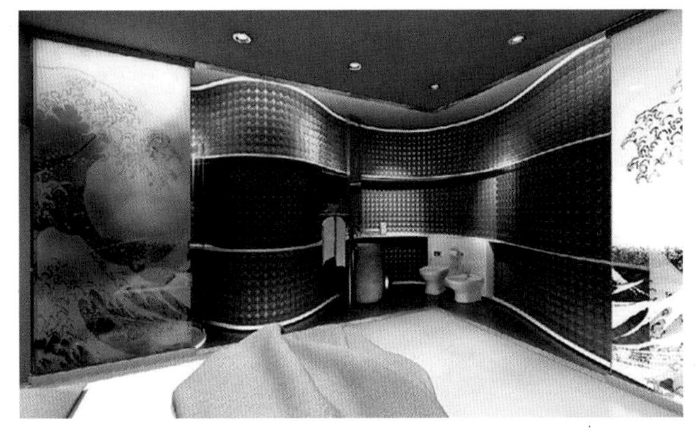

图11.19　卫生间展示设计

指示说明和保护展品等的设备，又是产品展示整体设计中使观者直接感受的界面实体。其造型、结构、色彩、材料，以及制作工艺可直接影响展示风格，因此产品展示道具与展品的色彩关系、结构形式要形成统一的风格。如图11.19所示为卫生间展示设计，其道具与墙面别具一格，色调为蓝色，整体统一，十分美观。

3. 确定产品展示设计色彩与企业形象识别系统标准色的关系

产品展示设计色彩首先要考虑它往往不是孤立存在的，而是处于一套既定的标志系统中，因此产品展示设计色彩与其标志、标准字、标准色生成一个有序的色彩系统。一般而言，企业标志的标准色即为产品展厅的专用色，在展场内色彩设计中应充分运用企业的标准色，为企业做宣传，包括墙面海报、悬挂旗帜、POP广告、指示标牌等处，使参观者进入展馆时对企业的形象形成深度记忆，有利于产品品牌效应的形成，使整个产品展位形成一个非常统一、和谐，有别于其他展位的视觉环境。如图11.20所示，百事可乐展示设计案例就充分体现出了这一点。

图11.20　百事可乐展示设计

4. 确定产品展示设计色彩中的灯光照明

产品展示设计色彩照明是实现展示效果的重要因素之一，要想创造出有特点的艺术氛围，针对视觉要求合理地进行产品展厅的色彩照明设计，在符合人机工程学的基础上，运用色彩照明技巧达到产品展示的最佳效果。

产品展示设计色彩照明应根据展品的特性选择不同的色彩照明方式，如在重要的产品展示区域或展示贵重物品可采用重点色彩照明方式，即用较强的照度，使局部展示内容更为突出，利用光的色彩、聚射、虚实、深浅等，最大限度地突出展示局部区域或展品，完整的呈现产品展示内容的形象，创造出丰富、生动，具有艺术感染力的效果。

此外，产品展示设计色彩还应该考虑周围环境的色彩，为了更好地吸引人们的注意力，应该采用和周围环境有明显差别的颜色。另外还应该考虑平常不太重视的其他环节的色彩，如植物及鲜花的色彩，工作人员服装色彩等，只有经过周密及精心的设计，才能使产品展示设计色彩独具一格。

5. 产品展示设计色彩的静态展示

产品展示设计色彩的静态展示主要是指销售点或购物场的色彩，是色彩的一种静态展示过程，这一过程描述的是在商店里随着产品一起显现的货架、陈列柜或临街而设的橱窗展示等，通常都是以某种常设的设备为母体进行陈列展示，以产品类别及产品色彩色调对比为陈列手段，来达到招徕顾客的目的，销售点用色要求变化异常迅速，除了需要确定的形象之外，如“POP艺术”。它可能突出的是高档、时髦或者经济稳固的形象，因为特殊的产品色彩驱动顾客去寻觅某种新的东西，尽管橱窗内的展品也许属于立体配置，但在设计中仍以追求立面的平面效果为其目标，从而将橱窗构思为一个供展品“亮相”的舞台或戏剧化的色调气氛。研究表明，许多商品人们之所以被购买在很大程度上是基于一种冲动和欲望，超过1/3百货商店的购物行为和几乎2/3超级市场的购买决断都是由于产品展示所带来的结果，故商店，特别是超级市场的产品展示设计色彩在给产品做广告方面起到了很大的作用，如图11.21所示。

图11.21　超市的展示设计与色彩

6. 产品展示设计色彩的动态展示

图11.22 产品动态

产品展示设计色彩的动态演示包括网页以及电视显示屏等多媒体展示，目前仍呈扩张之势并且最激动人心的平面设计领域乃是网页图形和多媒体形式的动画色彩。与印刷媒体截然不同，动态网页是后现代时期普遍运用的一种传媒形式，它几乎不存在地理学疆界或物理上的束缚，充满了分层堆积、非线性链接和互动演示的信息，凭借这一新媒体，时空可以轻而易举地穿梭、漫游，其价值也许包容了现代主义的合理性以及信息的有序性和组织性，在动态展示媒介里，商品陈列柜和产品色彩设计则应根据某一商品的类型、产品广告传达的产品形象等元素来确定色彩，产品展示设计色彩的动态色彩主要起到促销和归类等作用，如图11.22所示。

综上所述，产品展示设计色彩是展览会、展示会和博览会等各类大规模庆典活动的色彩，其使用正确与否取决于该展览会的内容、性质或者策略，产品展示设计色彩首先必须时髦而有生气，具有高度视觉冲击力的色彩也许最能引起人们的注意和记忆，还必须注意到环境设计的基本性质，周围环境或者背景的色彩，必须仔细选择以便不过分强调色谱上的任何一部分颜色，背景应该谨小慎微地与形象取得色彩联系。产品展示设计色彩在应用过程中必须有一个总体色彩基调规划，给观众视线移动、转换与调节以及流畅性与节奏感，并在这个大前提下充分考虑到产品广告版面形与色的配置以及展示品与托架、展台和道具的色彩组合效果。

11.4 产品网站设计色彩

产品网站设计色彩是树立网站形象的关键之一，也是享受网站美感的重要因素之一。产品网站设计色彩整体配色的协调性与风格的一致性是网站设计审美的重要指标之一，产品网站设计色彩数量过多、互不相干的两种色彩放在一起、搭配不协调、缺乏统一的风格等，这些都是产品网站设计色彩需要解决的问题所在。

11.4.1 产品网站设计色彩的运用

产品网站设计色彩的运用，以下几个方面的因素是需要考虑的。

1. 产品网站设计色彩的合理性

产品网站设计色彩的合理性要根据产品网站性质及网页浏览者来确定产品网页的色彩，产品网站色彩要漂亮、引人注目，同时还要照顾到人的眼睛的生理特点，除首页外，原则上不要使用大面积的高纯度色相，不要使用过分强烈的对比颜色，否则会引起人的视觉疲劳。此外，产品网站背景色与文字及图片颜色的关系应该合理。底色深的产品网站，其文字的颜色就要浅；反之，底色淡的产品网站，其文字的颜色就要深些，从而达到较高的信息可读性。如儿童产品网站的设计色彩就尽量不用无彩色系的黑色、灰色，多用卡通形象等元素来表现，比如深受孩子们的喜爱的童话主人公等；女性产品网站可多用粉色系色彩；老年人产品网站色彩应该控制色调的平和；而对于一些技术性比较强的专业产品网站设计色彩应该把握产品属性特有的规律，再设定产品网站的色调，如图11.23所示。

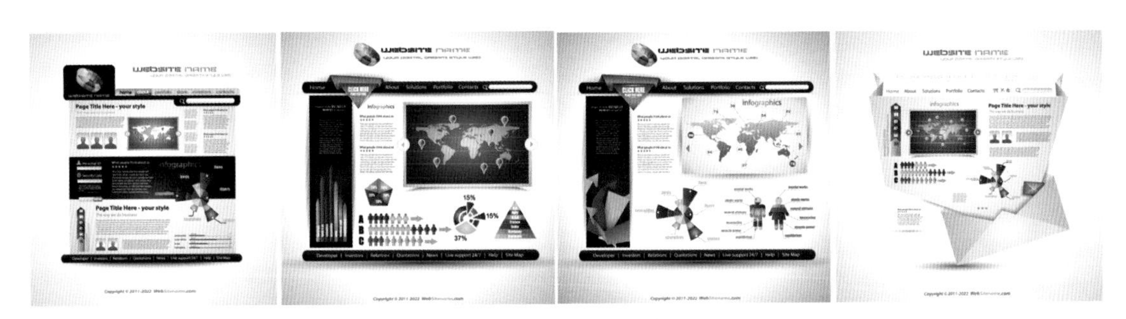

图11.23　商务网站

2. 产品网站设计色彩的统一性

一个产品网站应该有一个统一的设计色系。产品网站的设计色系是浏览者整体的视觉观感，若一个统一而和谐的产品网站设计色系，不仅会让网站看起来美观，也不会使浏览者对内容产生混淆，增加了浏览的便捷性。而产品网站的设计色系更能衬托出网站的主题，若色系能与主题合理搭配，将会增加浏览者的易读性。

3. 产品网站设计色彩的独特性

产品网站设计色彩要有与众不同的色彩搭配，衬托出产品网站的个性，使浏览者对产品有印象深刻。特别是一些艺术类、设计类、时装、游戏类的产品网站，更应该强调产品色彩的独特性。

4. 产品网站设计色彩的象征性

不同产品网站设计色彩会产生不同的联想，选择产品网站设计色彩要与产品网站的内涵相关联。在决定产品网站使用颜色时，也要考虑到不同的颜色会给浏览者带来不同的心理感受，如图11.24所示。

图11.24 淘宝网站的页面色彩

11.4.2 产品网站设计色彩的几种常用的配色方案

(1) 产品网站设计色彩的同类色应用。由这样的色彩搭配出来的页面看起来统一、和谐、有层次感，比较适合技术性、专业性较强的站点。

(2) 产品网站设计色彩的邻近色应用。先选定一种色彩，然后选择它在色谱里相邻区域的颜色，邻近色搭配可以使整个产品网站色彩丰富，但切记不要过于花哨。

(3) 产品网站设计色彩的对比色应用。通常的做法是以一种颜色为主调，使它在产品网站中占有较大的面积同时，辅以对比色，起到点缀丰富的作用。

总之，产品网站设计色彩既要形式与内容一致，又要考虑浏览者的喜好，还要考虑视觉的舒适度等因素，只有这样，才能提高点击率和回头率，提高产品网站的知名度。

单元训练和作业

通过本章的学习，我们学会了产品识别系统设计色彩、产品包装与宣传册设计色彩、产品展示设计色彩、产品网站设计色彩等知识，同时还学会了与相关的色彩应用媒介进行搭配组合应用。静下心来想想，如何才能把我们生活中的产品设计色彩进行系统化的应用呢？

产品识别系统设计色彩的色调要根据不同的设计主题、产品类别、设计媒介、不同风格等元素出发，进行科学的详尽的论述进而制定下来。在确定色彩方案时应注意两点：①

如何选择产品识别系统设计色彩的色调？②如何设计产品包装与宣传册的色彩？

产品包装与宣传册设计色彩有着互相依赖的密切关系，产品包装与宣传册设计色彩的优劣在于是否很好地象征着产品内容并有效地表示产品的品质与分量，色彩的设定要根据设计主题出发，同时考虑相关信息，确定色调。因此，产品包装与宣传册设计色彩在这里起着重要的视觉信息传达作用。

【单元训练】

以图11.25所示的产品中的一款产品为题，为其开发产品设计色彩系统，要求包括产品包装、产品宣传册设计、产品展示矩阵设计、产品网站设计等。

图11.25 各种产品

【思考题】

- 如何制定产品设计色彩识别系统？
- 在产品包装与宣传册色彩设计与制作中应注意哪些因素？
- 产品展示设计色彩的依据及方法是什么？
- 如何理解产品网站设计色彩与产品之间的关系？

本 章 小 结

产品设计色彩系统应用在当今激烈的市场竞争中起着举足轻重的作用，很多企业都积极提升自身品牌建设，产品设计色彩系统的应用就是很好的途径与方法。企业通常实施产品设计色彩系统应用体系，目的是使其产品符合市场及消费者需求，提升企业自身的品牌效应。因此，产品设计色彩系统应用在整个产品设计中的地位十分重要。

参考文献

[1] 沈法．工业设计：产品色彩设计[M]．北京：中国轻工业出版社，2009．

[2] 薛澄岐．产品色彩设计[M]．南京：东南大学出版社，2007．

[3] 张寒凝，许继峰．魅力色彩：工业产品色彩设计教程[M]．南宁：广西美术出版社，2009．

[4] (日)+Designing编辑部．色彩设计——日本平面设计师参考手册[M]．周燕华，郝微，译．北京：人民邮电出版社，2011．

[5] 周冰．色彩构成[M]．西安：西安交通大学出版社，2011．

[6] ArtTone视觉研究中心．配色设计从入门到精通[M]．北京：中国青年出版社，2012．

[7] (日)伊达千代．设计的原理3：色彩设计的原理[M]．悦知文化，译．北京：中信出版社，2011．

[8] 曹茂鹏，瞿颖健．专业色彩搭配手册——色彩设计[M]．北京：印刷工业出版社，2011．

[9] 韩玄武．印刷色彩与平面设计[M]．北京：化学工业出版社，2012．

[10] (新)丹尼尔．室内色彩设计法则[M]．北京：电子工业出版社，2011．

[11] 王建芬．色彩与设计[M]．北京：机械工业出版社，2011．